江苏联合职业技术学院院本教材
经学院教材审定委员会审定通过

机械制图及 CAD 基础习题集

（第 2 版）

主 编 唐建成

北京理工大学出版社
BEIJING INSTITUTE OF TECHNOLOGY PRESS

版权专有 侵权必究

图书在版编目(CIP)数据

机械制图及 CAD 基础习题集 / 唐建成主编 . —2 版 . —北京:北京理工大学出版社,2017.8(2025.1 重印)

ISBN 978-7-5682-4612-5

Ⅰ.①机… Ⅱ.①唐… Ⅲ.①机械制图-AutoCAD 软件-高等学校-习题集 Ⅳ.①TH126-44

中国版本图书馆 CIP 数据核字(2017)第 199645 号

出版发行 / 北京理工大学出版社有限责任公司			
社　　址 / 北京市海淀区中关村南大街 5 号			
邮　　编 / 100081			
电　　话 / (010)68914775(总编室)			
(010)82562903(教材售后服务热线)			
(010)68944723(其他图书服务热线)			
网　　址 / http://www.bitpress.com.cn			
经　　销 / 全国各地新华书店			
印　　刷 / 三河市天利华印刷装订有限公司			
开　　本 / 787 毫米×1092 毫米　1/16			
印　　张 / 8		责任编辑 / 赵　岩	
字　　数 / 187 千字		文案编辑 / 赵　岩	
版　　次 / 2017 年 8 月第 2 版　2025 年 1 月第 12 次印刷		责任校对 / 周瑞红	
定　　价 / 29.90 元		责任印制 / 李志强	

图书出现印装质量问题,请拨打售后服务热线,本社负责调换

前　言

　　本习题册是江苏省五年制高等职业院校课程改革成果系列教程之一。本习题册主要与唐建成主编的《机械制图及 CAD 基础》教材配套使用，其内容及编排顺序与主教材完全一致。根据素质培养的要求，本习题册精选了必要的手工制图练习，而 CAD 技术的应用更是渗透到每个模块中，从而使机械制图与 CAD 技术无缝连接。CAD 技术问题的掌握不仅能克服机械制图教学上的难点，更重要的是让学生找到了分析问题、解决问题的方法，以达到实现培养应用型高技能人才的目的。教材配套的视频文件中渗透作者对 CAD 软件的应用技巧和技术创新，读者可以从配套的视频文件中领悟到 CAD 技术的魅力和精彩。为了方便读者学习，教材配有 .dwg 文件，供上机训练所用。

编　者

视频总码

目 录

模块 1　制图的基本知识 …………………………………………………………………… 1

模块 2　AutoCAD 2018 基本操作 ………………………………………………………… 9

模块 3　物体的三视图 ……………………………………………………………………… 13

模块 4　轴测图与三维建模基础 …………………………………………………………… 25

模块 5　切割体与相贯体 …………………………………………………………………… 28

模块 6　组合体 ……………………………………………………………………………… 38

模块 7　机械图样的表达方法 ……………………………………………………………… 48

模块 8　标准件与常用件 …………………………………………………………………… 77

模块 9　零件图 ……………………………………………………………………………… 89

模块 10　装配图 …………………………………………………………………………… 105

模块1　制图的基本知识

1.1　字体练习

1. 书写下列长仿宋体

机电专业机械工程制图

技术要求名称数量比例

制图设计审核序号备注材料

未注倒角圆角铸造螺钉螺栓

2. 书写字母和数字

ABCDEFGHIJKLMN

OPQRSTUVWXYZ

abcdefghijklmn

opqrstuvwxyz

1234567890∅

班级　　　姓名　　　学号

1.2 图线练习

在指定位置抄画不同线型的直线，按给定的图形样式，在右边空白处抄画图形。完成右下角框内剖面线的画法。

班级　　　　　姓名　　　　　学号

1.3 尺寸标注练习（一）（数值从图中度量，取整数）

1. 注写线性尺寸、角度尺寸数字。

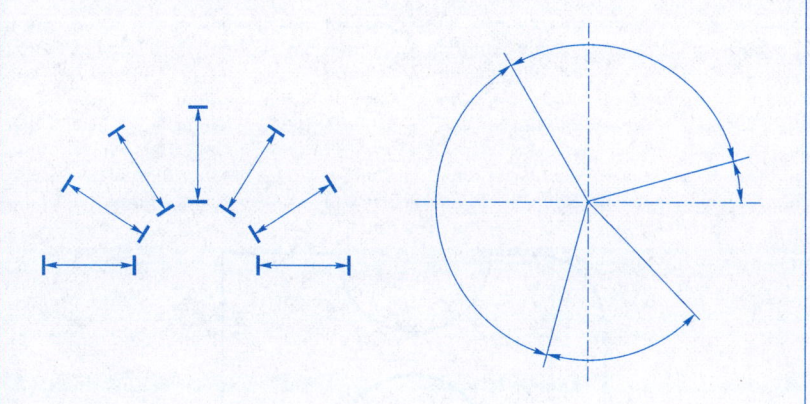

3. 标注圆的直径尺寸。

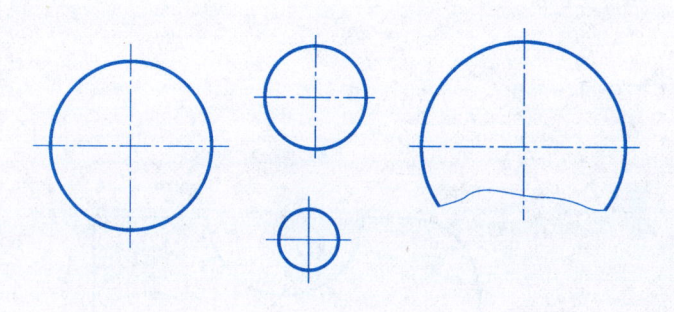

2. 在下列尺寸线上绘制箭头和尺寸数字。

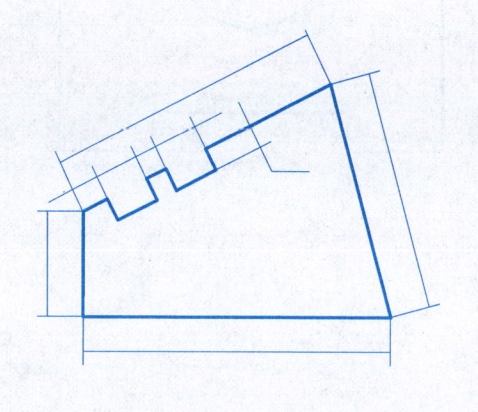

4. 标注圆弧半径尺寸。

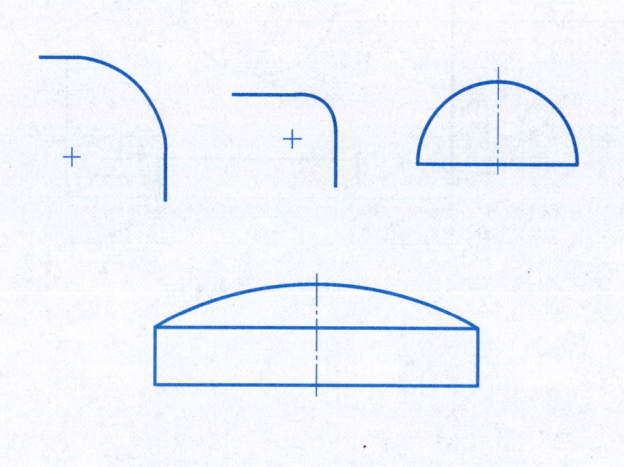

班级　　　　　姓名　　　　　学号

1.4 尺寸标注练习（二）

指出左图中尺寸标注的错误，在右图中正确标注。

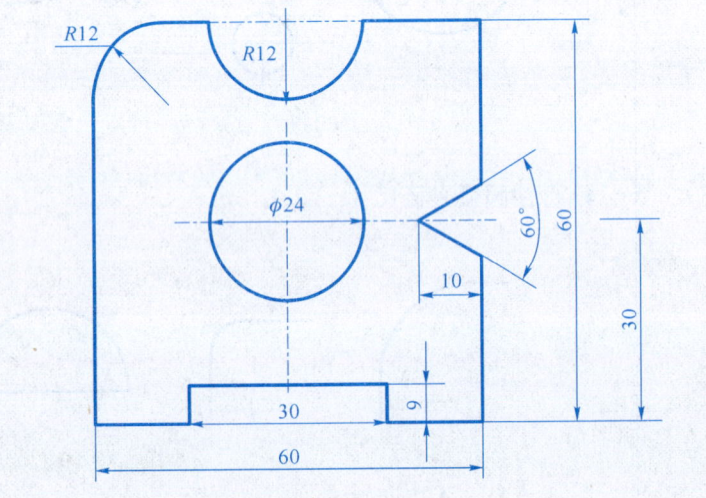

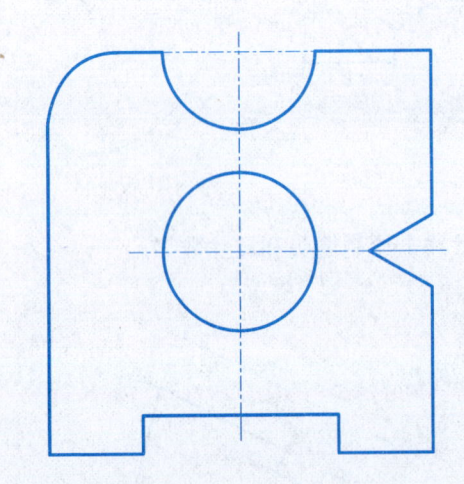

| 班级 | 姓名 | 学号 |

1.5　等分与斜度、锥度练习

1. 用比例法将线段 AB 作五等分。

2. 作圆内接正五边形。

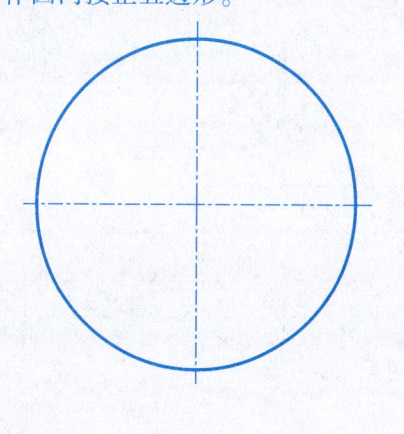

3. 作圆内接正六边形。

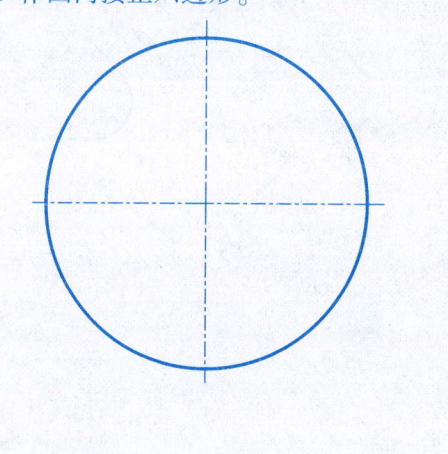

A　　　　　B

4. 按右上角图形和尺寸，用1∶1比例抄画图形并标注尺寸。
　（1）斜度

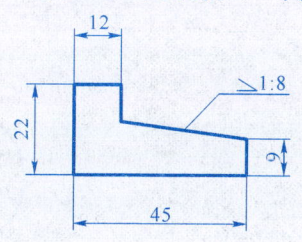

12
22
9
45
1:8

　（2）锥度

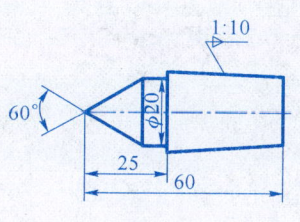

1:10
60°
φ20
25
60

班级　　　　姓名　　　　学号

1.6 圆弧连接练习（一）

1. 参照上方图形和尺寸，完成下列图形的圆弧连接。

   R8　　　R10　　　R20

2. 参照右上方图形和尺寸，按1∶1比例抄画图形并标注尺寸。

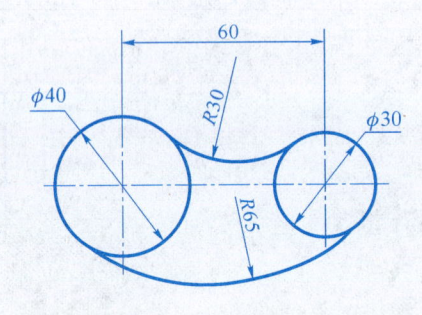

   60　　ϕ40　　R30　　ϕ30　　R65

班级　　姓名　　学号

1.7 圆弧连接练习（二）

参照右上角图形和尺寸，用1∶1的比例抄画图形并标注尺寸。

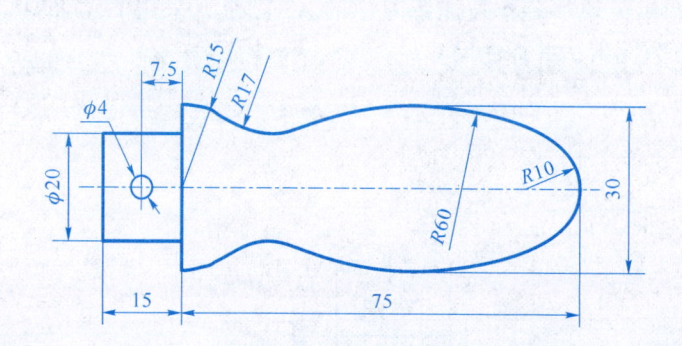

1.8 平面图形画法

1. 利用模块一基本技能练习中的 A3 图纸，采用 1∶1 的比例，抄画下列图形，并标注尺寸。

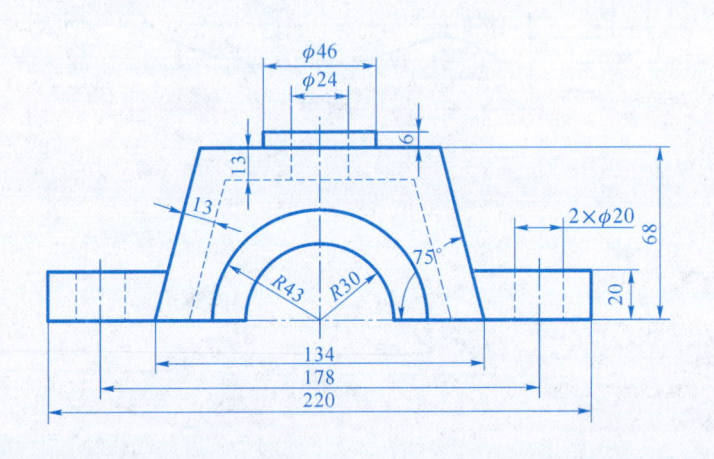

2. 利用模块二基本技能练习中的 A4 图纸，采用 1∶1 的比例，抄画下列图形，并标注尺寸。

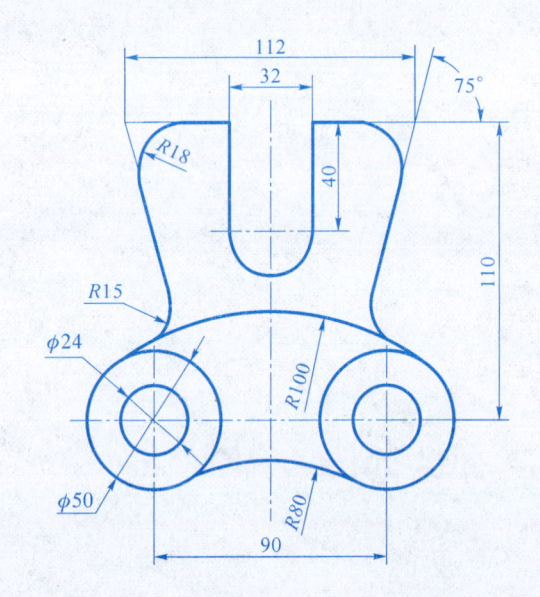

班级　　　　　姓名　　　　　学号

模块 2　AutoCAD 2018 基本操作

2.1　基本图形画法（一）

1.

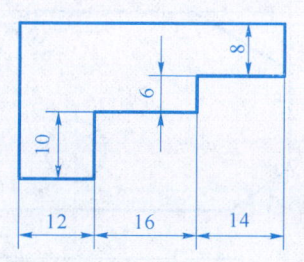

2.

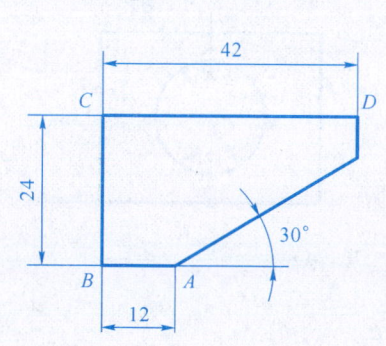

3.

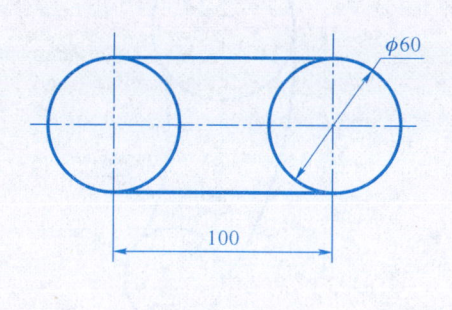

4.

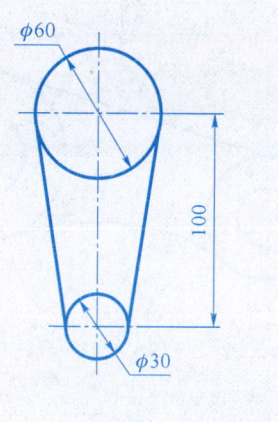

班级　　　　　　　　姓名　　　　　　　　学号

2.2 基本图形画法（二）

5.

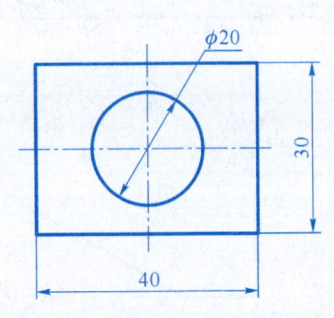

6.

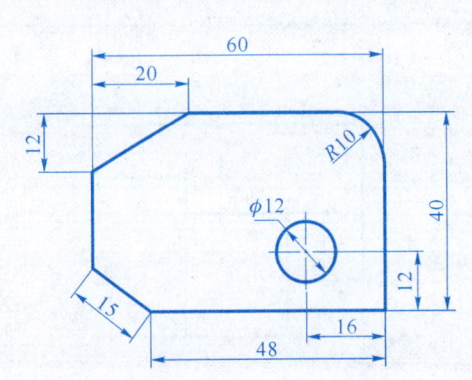

7.

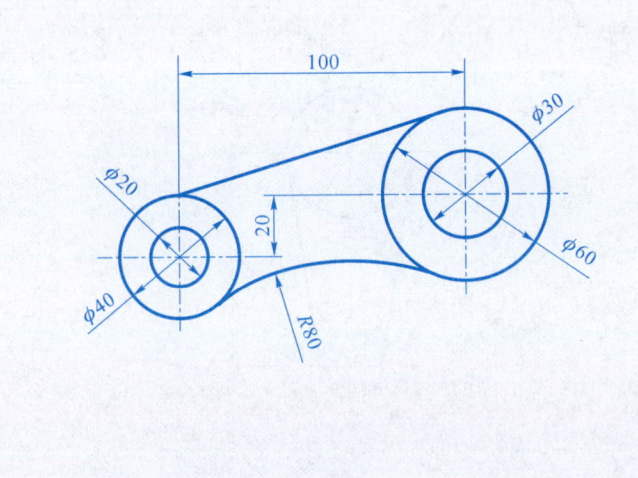

8.

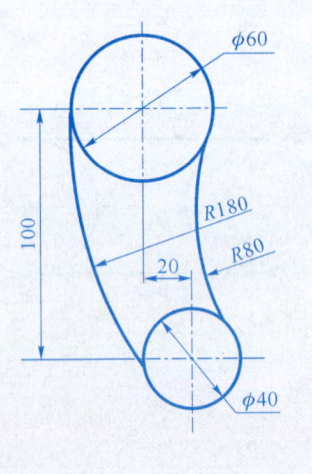

班级　　　　　　　姓名　　　　　　　学号

2.3 基本图形画法（三）

9.

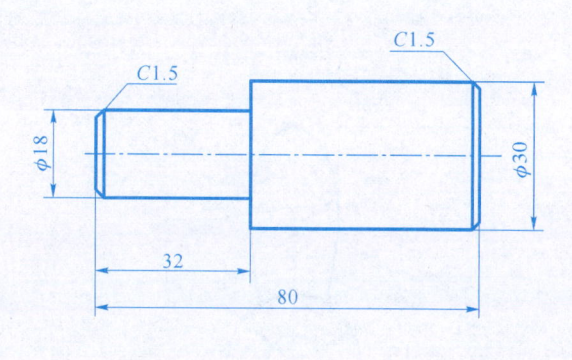

10.

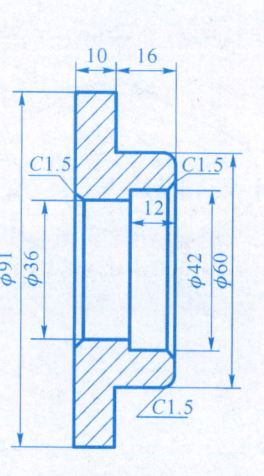

11.

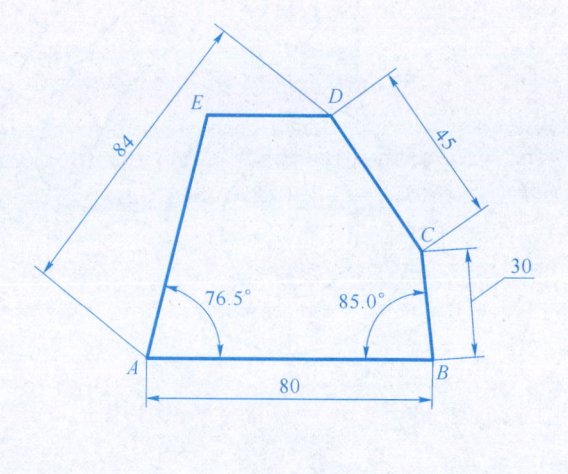

12.

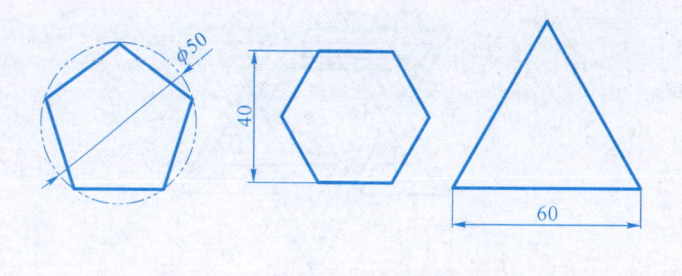

班级　　　　　　　姓名　　　　　　　学号

2.4 基本图形画法（四）

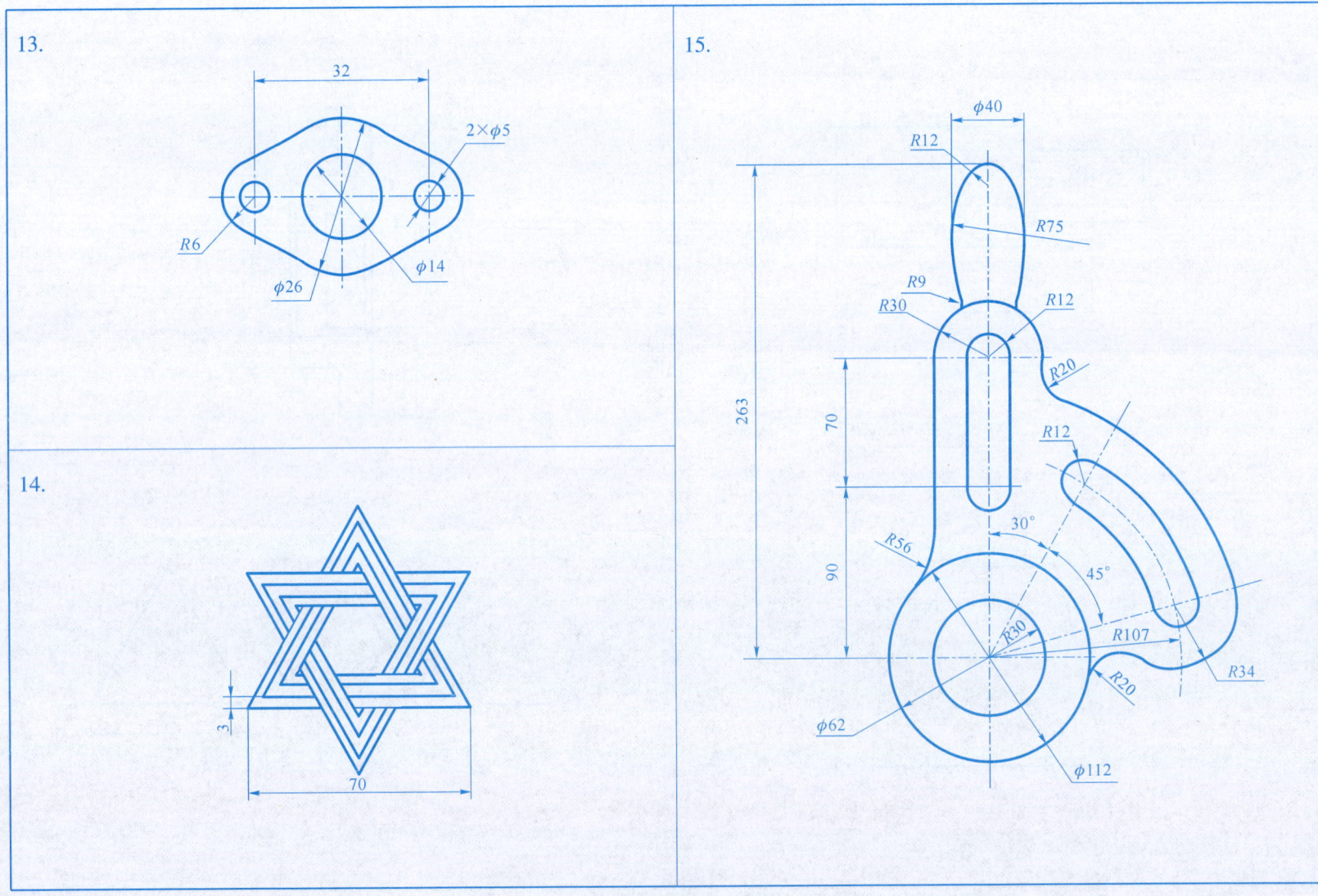

13.

14.

15.

班级　　　　　　　姓名　　　　　　　学号

模块 3　物体的三视图

3.1　点的投影（一）

1. 根据 A 点的直观图，作其三面投影（尺寸从图中量取）。

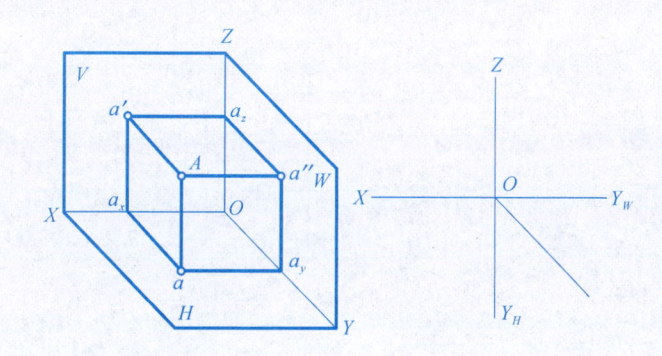

2. 已知点的两面投影，求作第三投影。

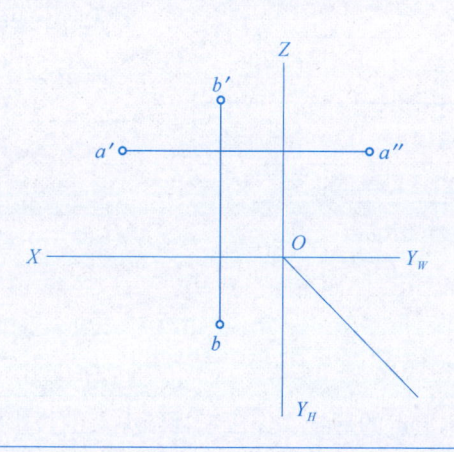

3. 作点 A (10, 20, 8)、B (25, 12, 0) 的三面投影。

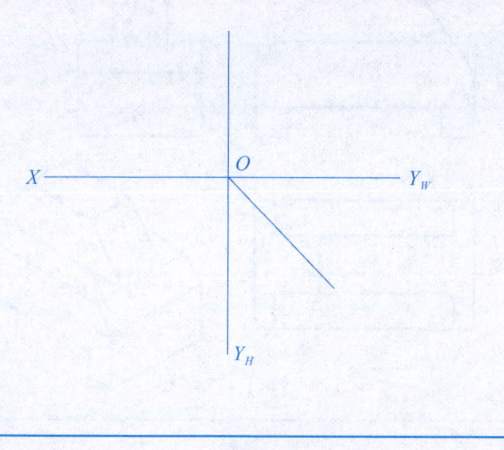

4. 已知点 B 在点 A 正上方 15 mm，求作点 B 的三面投影。

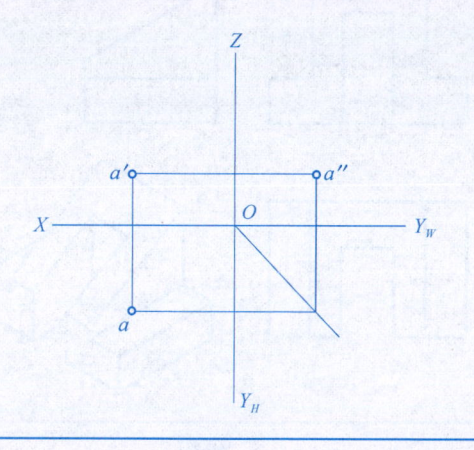

班级　　　姓名　　　学号

3.2 点的投影（二）

1. 判断 A、B 两点的相对位置。

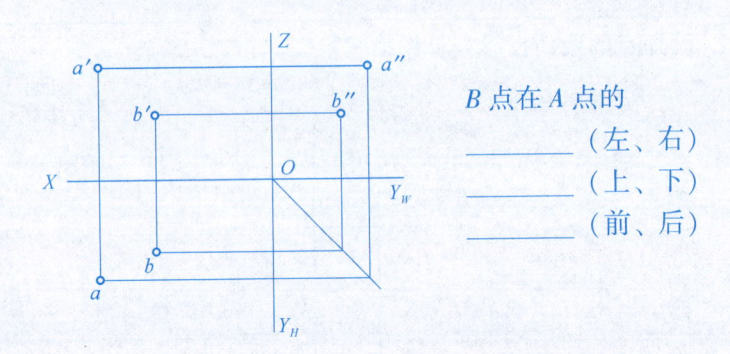

B 点在 A 点的
_____（左、右）
_____（上、下）
_____（前、后）

2. A 点在 B 点左方 20 mm，后方 10 mm，上方 15 mm，求作 A 点的三面投影。

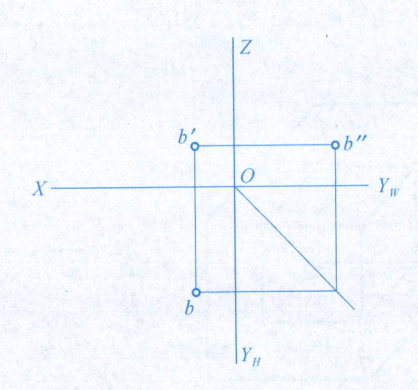

3. 根据立体上点的标记，完成三视图上点的投影标记。

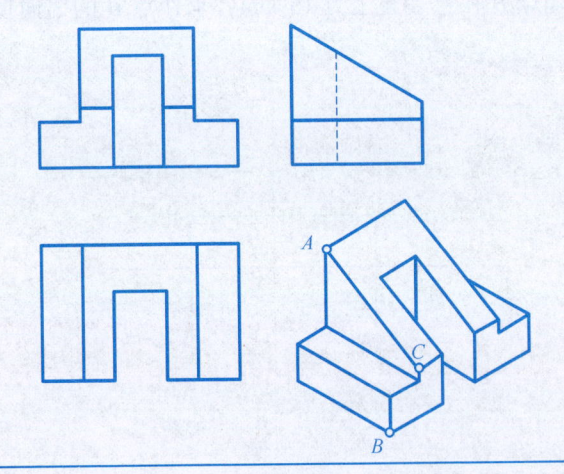

4. 根据立体上点的标记，完成三视图上点的投影标记。

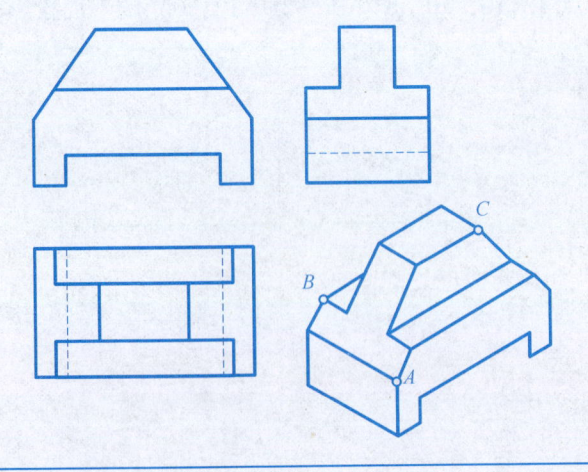

班级　　　　　　姓名　　　　　　学号

— 14 —

3.3 点的投影 AutoCAD 练习

1. 打开文件 3.3 – 1.dwg，已知 A 点的两面投影，求其第三投影。（可参考视频 3.1 – 1.mp4）

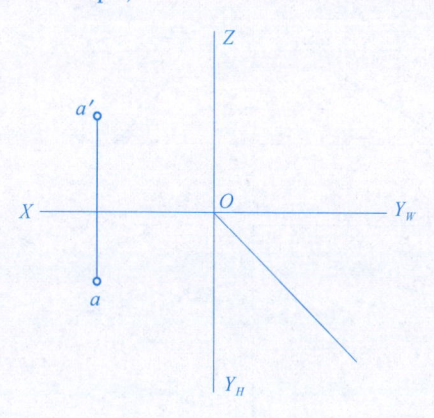

2. 打开文件 3.3 – 2.dwg，已知点的坐标 A（20，8，12），求作 A 点的三面投影图。（可参考视频 3.1 – 2.mp4）

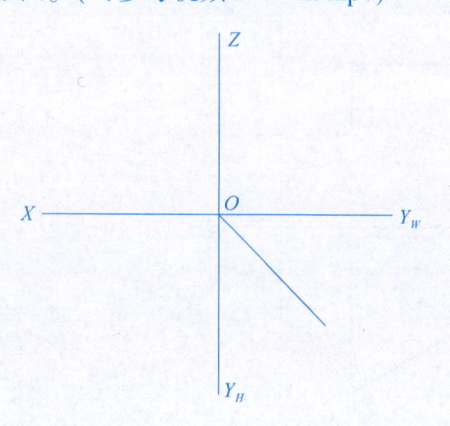

3. 打开文件 3.3 – 3.dwg。已知点 B 距点 A 为 10 mm，点 C 在 A 的正下方 20 mm，补全 B、C 点的三面投影。

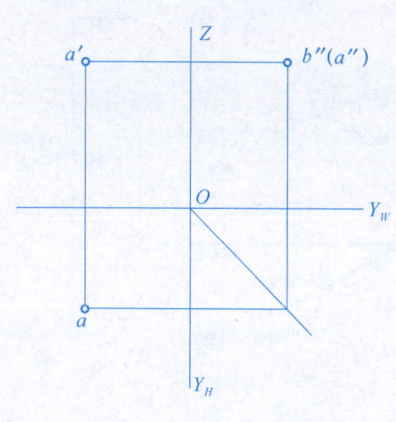

4. 打开文件 3.3 – 4.dwg。作出 A、B、C 的第三投影。

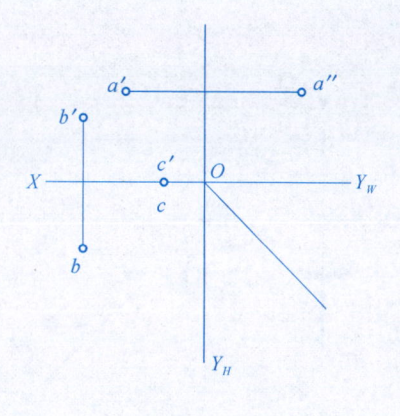

班级　　　　　　姓名　　　　　　学号

3.4 直线的投影（一）

已知直线的两面投影，求其第三投影，并判断空间位置。

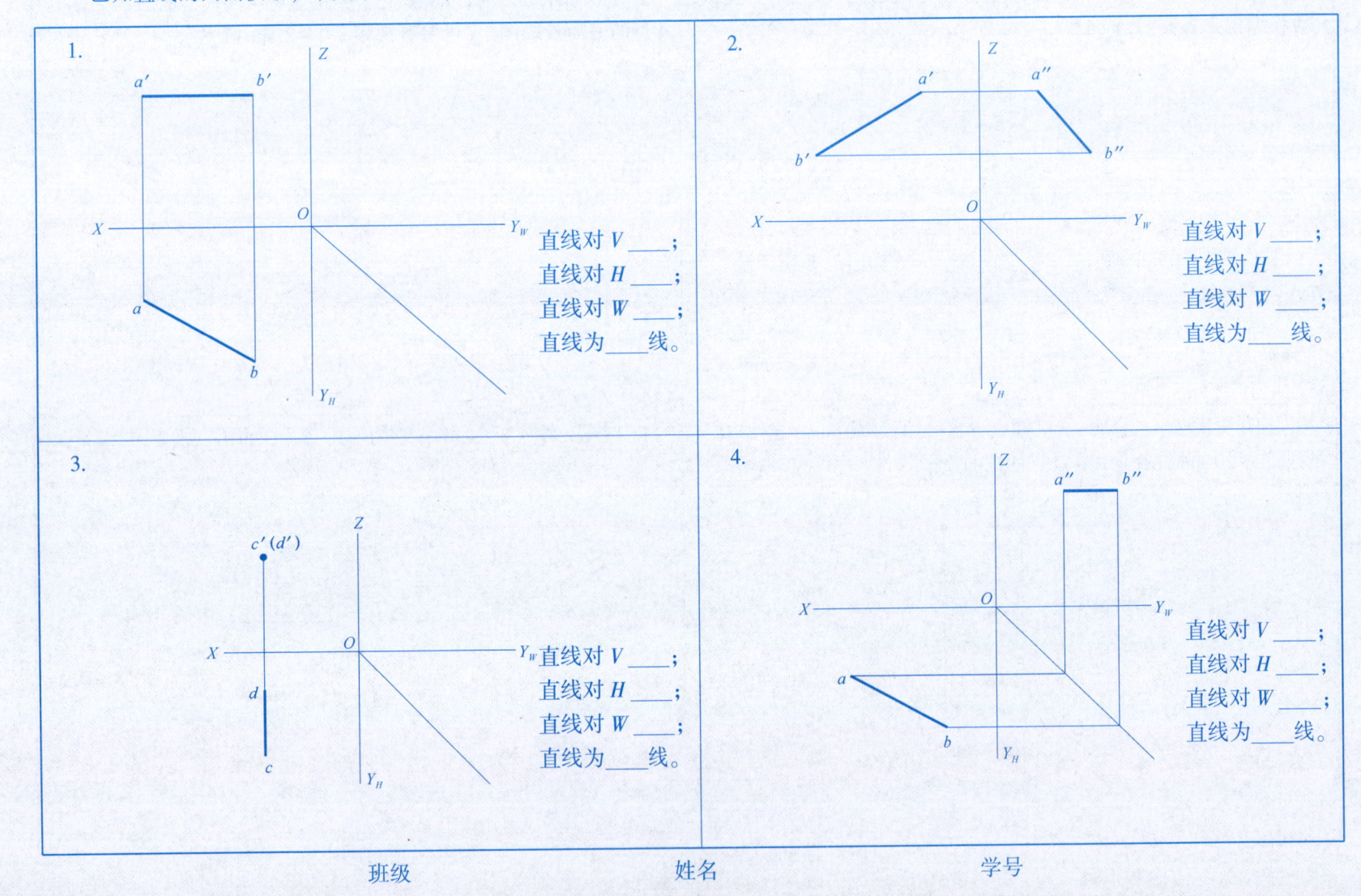

1.

直线对 V ___；
直线对 H ___；
直线对 W ___；
直线为 ___ 线。

2.

直线对 V ___；
直线对 H ___；
直线对 W ___；
直线为 ___ 线。

3.

直线对 V ___；
直线对 H ___；
直线对 W ___；
直线为 ___ 线。

4.

直线对 V ___；
直线对 H ___；
直线对 W ___；
直线为 ___ 线。

班级　　　　　姓名　　　　　学号

3.5 直线的投影（二）

1. 已知 F 点距 H 面 25 mm，完成直线 EF 的三面投影。

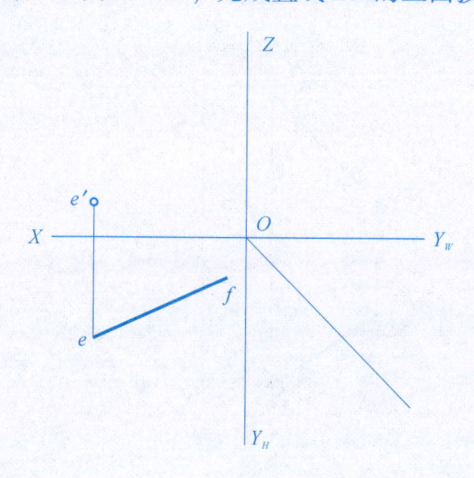

2. 已知 G 点距 V 面 10 mm，完成直线 GH 的三面投影。

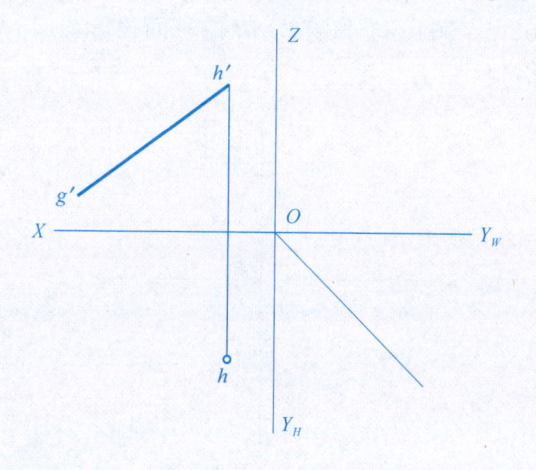

3. 根据立体上的直线标记，完成三视图中直线的投影标记，并填空。

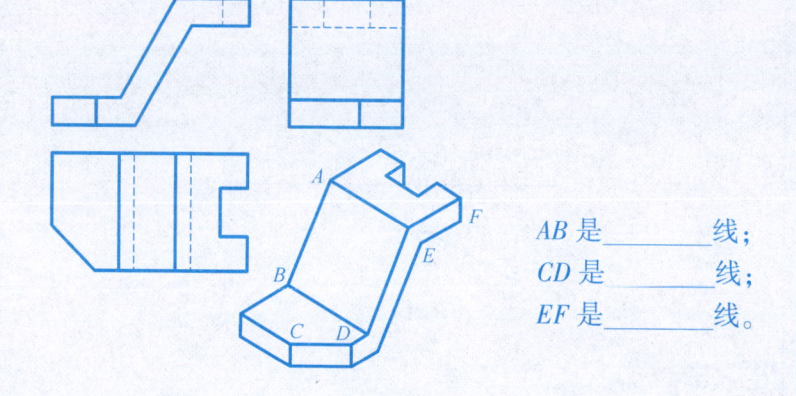

AB 是_____线；

CD 是_____线；

EF 是_____线。

4. 根据立体上的直线标记，完成三视图中直线的投影标记，并填空。

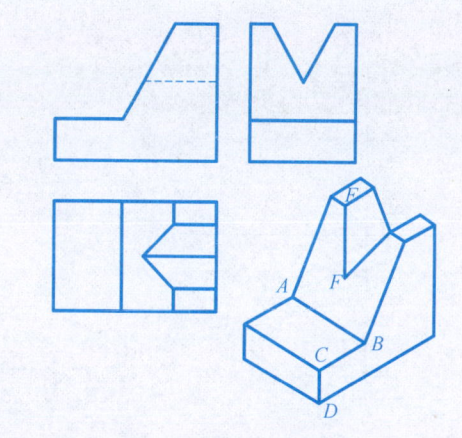

AB 是_____线；

CD 是_____线；

EF 是_____线。

班级　　　　　　　姓名　　　　　　　学号

— 17 —

3.6 直线的投影 AutoCAD 练习

1. 打开 3.6-1.dwg，已知直线 AB 的两端点的坐标 A（25，18，5）、B（10，5，20），求作直线 AB 的三面投影图。（可参考视频 3.6-1.mp4）

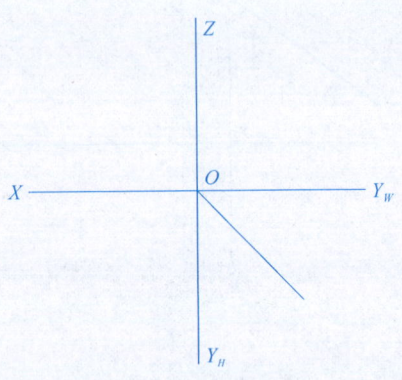

2. 打开 3.6-2.dwg，已知直线的两面投影，求第三投影。

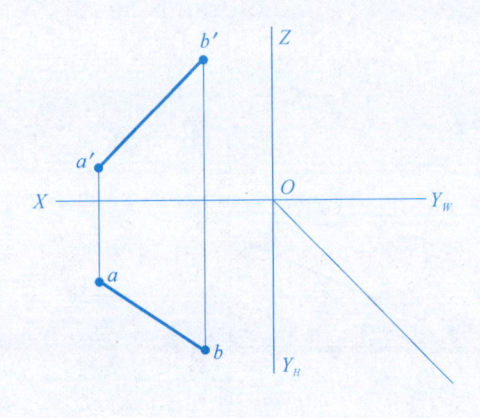

3. 打开文件 3.6-3.dwg。已知 AB 为侧平线，$\alpha = \beta$，实长为 20 mm，完成直线 AB 的三面投影。

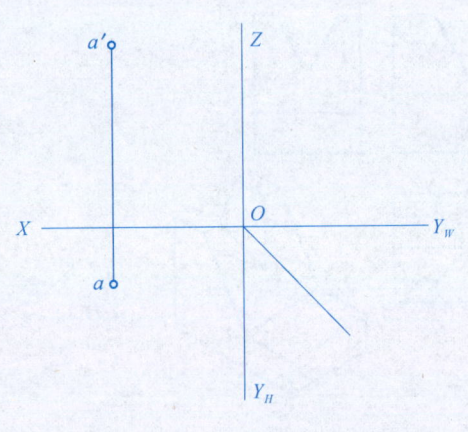

4. 打开文件 3.6-4.dwg。已知直线 AB 与 H 面的倾角 $\alpha = 30°$，点 B 在 H 面上，A 点在 B 点上方，求直线 AB 的 V、W 面投影。

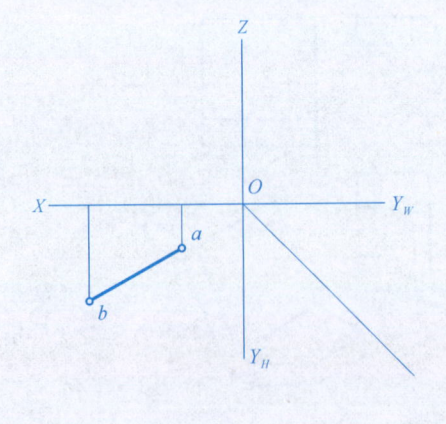

班级　　　　　　姓名　　　　　　学号

3.7 平面的投影（一）

已知平面的两面投影，求其第三投影，并判断空间位置。

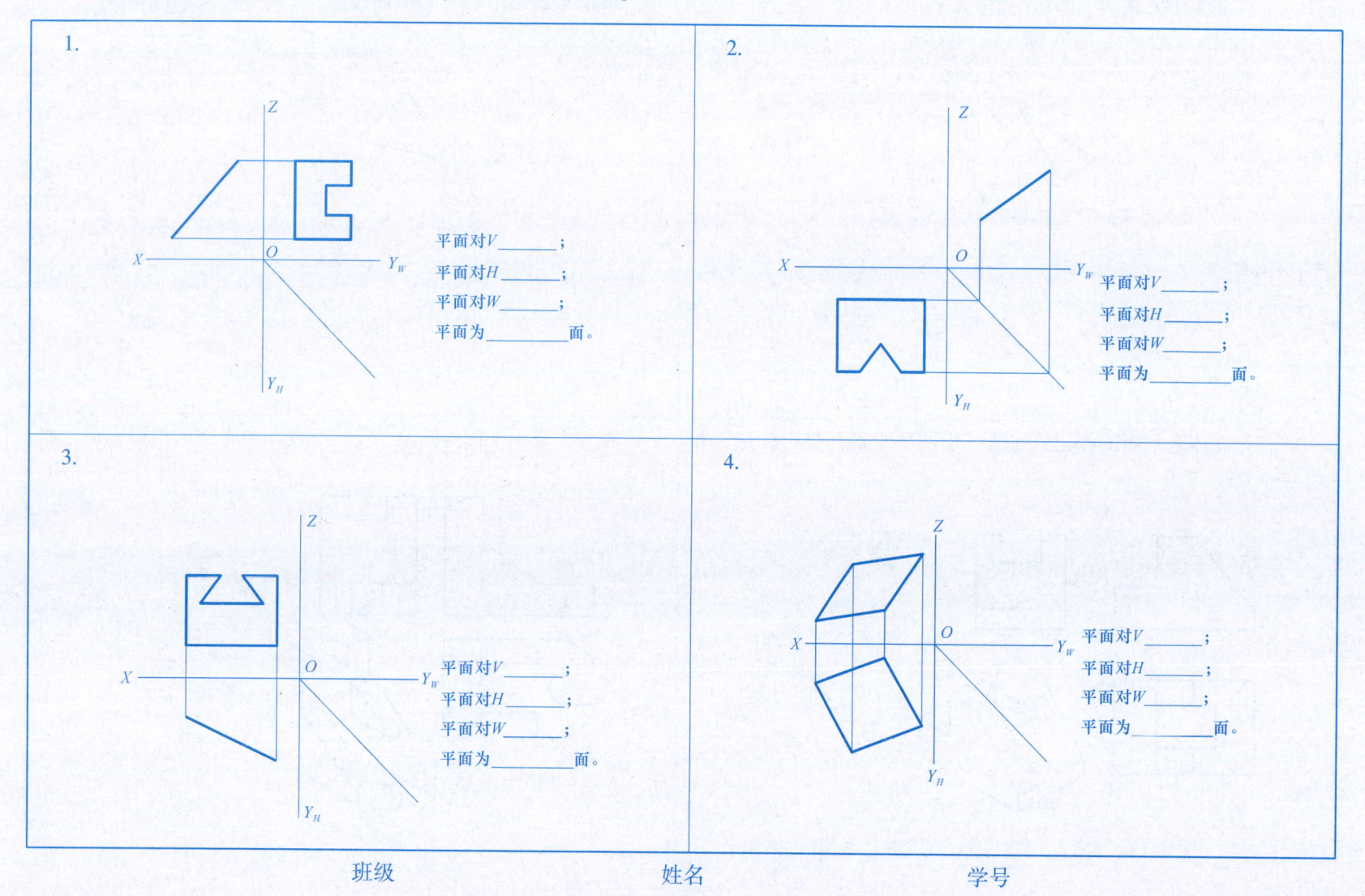

1.

平面对V_____；
平面对H_____；
平面对W_____；
平面为_____面。

2.

平面对V_____；
平面对H_____；
平面对W_____；
平面为_____面。

3.

平面对V_____；
平面对H_____；
平面对W_____；
平面为_____面。

4.

平面对V_____；
平面对H_____；
平面对W_____；
平面为_____面。

班级　　　　　　姓名　　　　　　学号

3.8 平面的投影（二）

1. 求铅垂面 ABC 的 H、W 面投影，$\beta = 30°$。

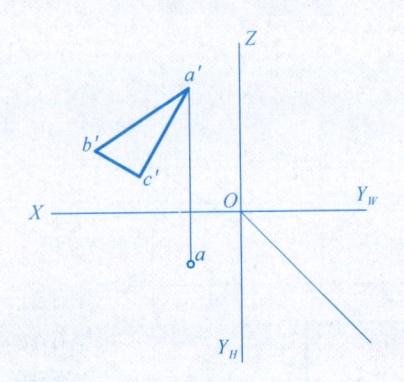

2. 求正平面 ABC 的 H、W 面投影。

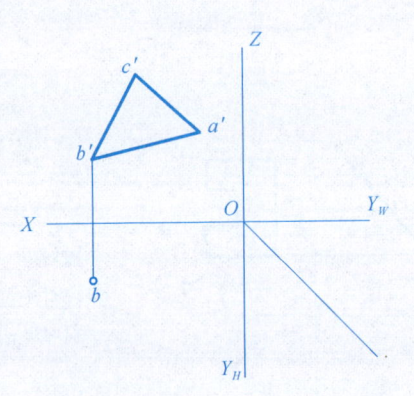

3. 根据立体上平面的标记，完成三视图中平面的投影标记，并填空。

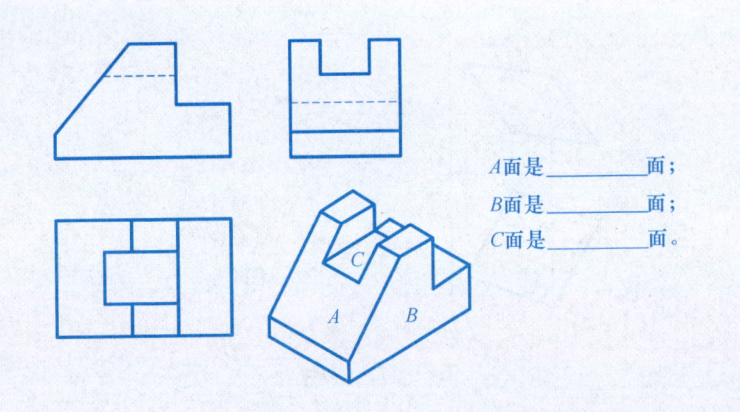

A 面是 _____ 面；
B 面是 _____ 面；
C 面是 _____ 面。

4. 根据立体上平面的标记，完成三视图中平面的投影标记，并填空。

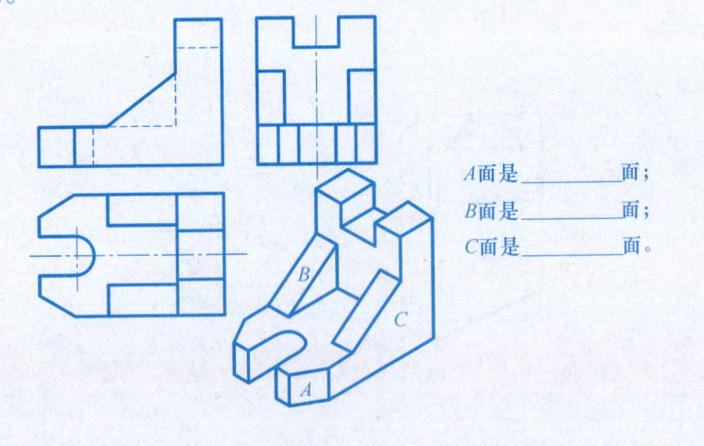

A 面是 _____ 面；
B 面是 _____ 面；
C 面是 _____ 面。

班级　　　　　姓名　　　　　学号

3.9 平面的投影 AutoCAD 练习

1. 打开文件 3.9－1. dwg。已知平面的两面投影，求第三投影。

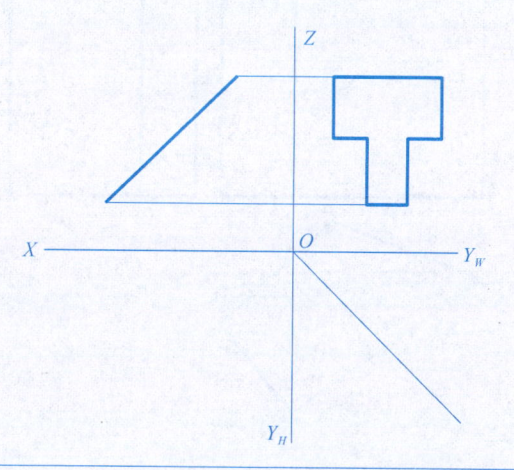

2. 打开文件 3.9－2. dwg。已知平面的两面投影，求第三投影。

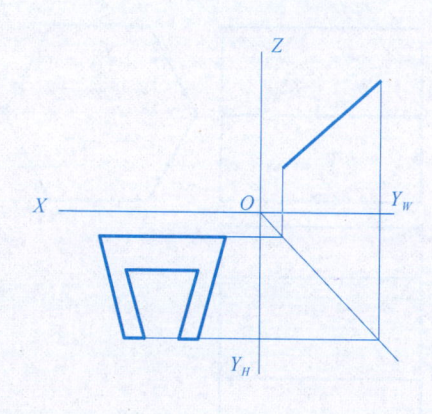

3. 打开文件 3.9－3. dwg。完成侧垂面的三面投影，$\alpha = 60°$。

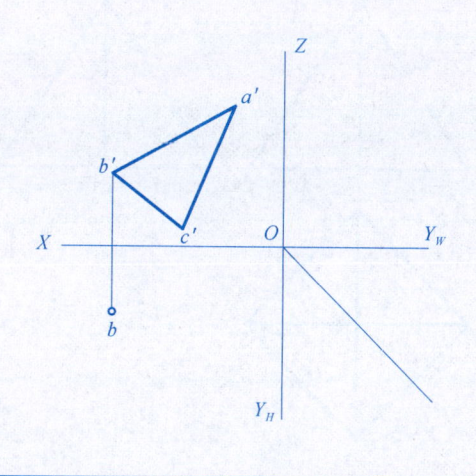

4. 打开文件 3.9－4. dwg。完成水平面的三面投影。

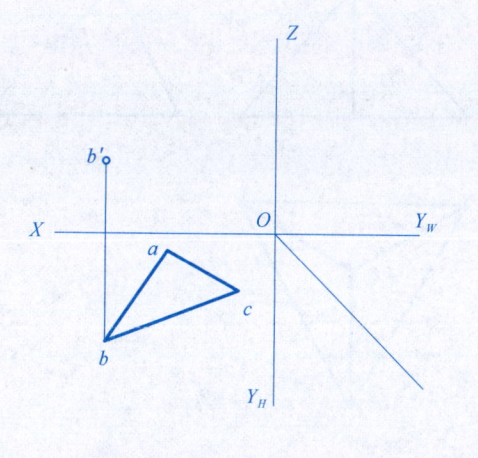

班级　　　　　　姓名　　　　　　学号

3.10 已知平面立体表面上点的一个投影，求作另外两个投影

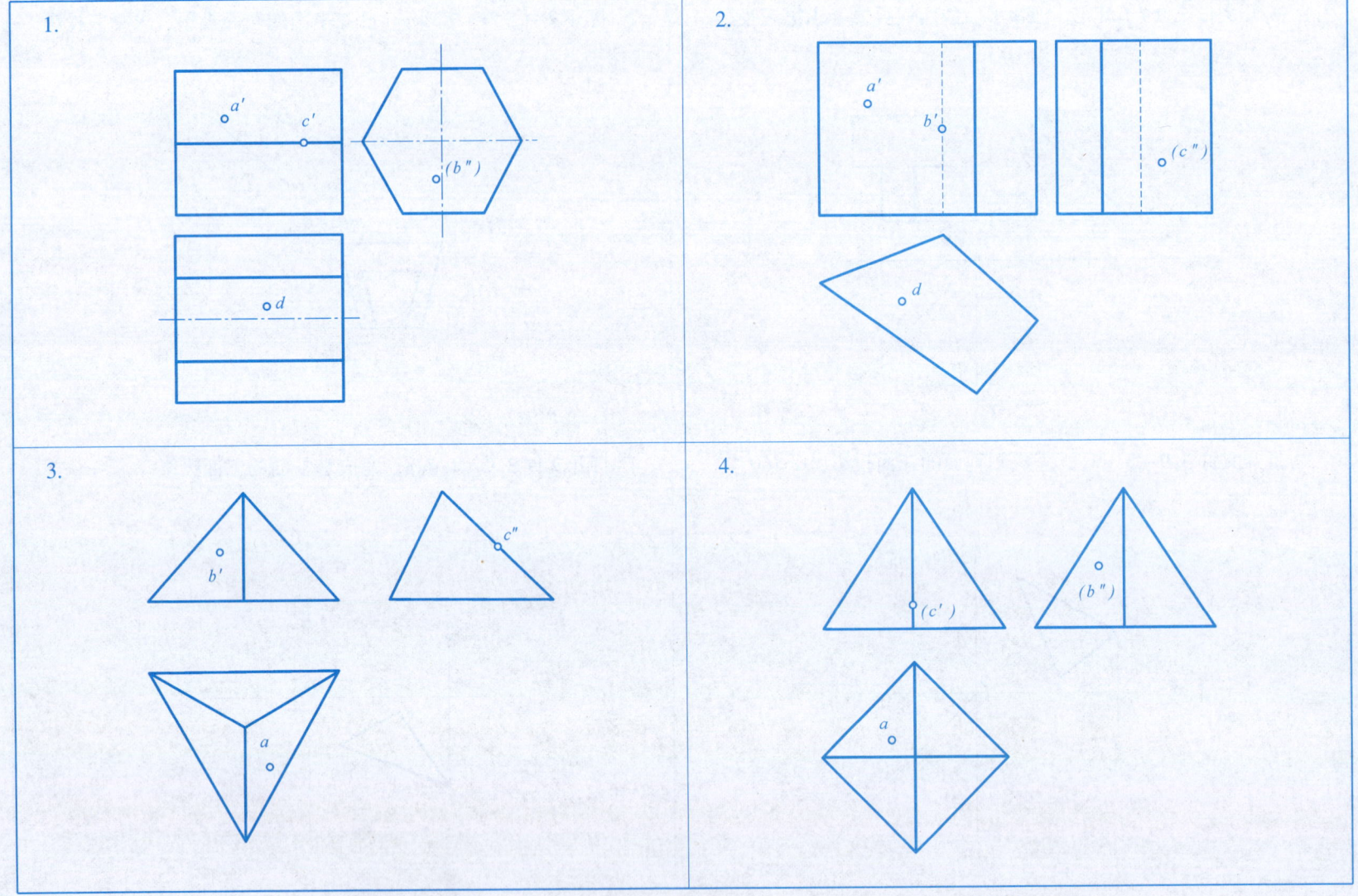

1.

2.

3.

4.

班级　　　　　姓名　　　　　学号

3.11 已知曲面立体表面上点的一个投影，求作另外两个投影

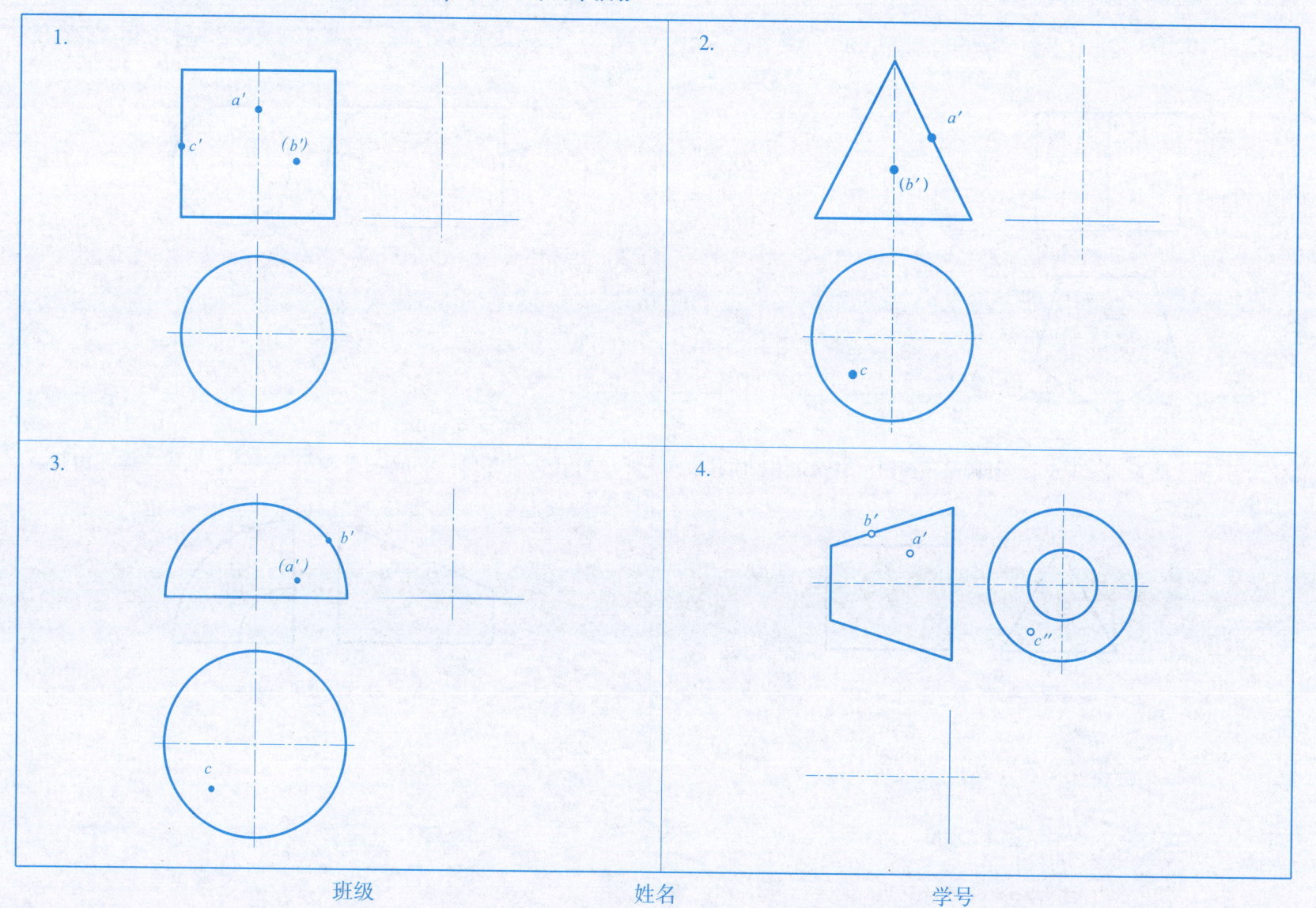

1.

2.

3.

4.

班级　　　　　　　　姓名　　　　　　　　学号

3.12 基本体及表面取点 AutoCAD 练习

1. 打开文件 3.12-1.dwg。补画第三视图,完成立体表面其余两投影。

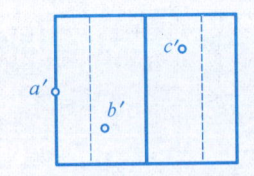

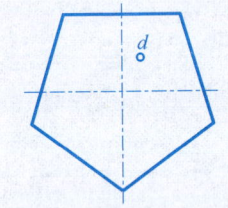

2. 打开文件 3.12-2.dwg。补画第三视图,完成立体表面其余两投影。

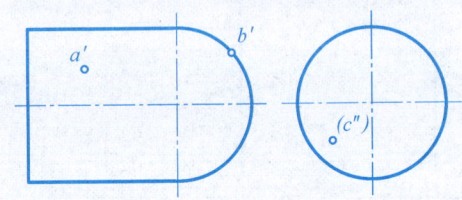

3. 打开文件 3.12-3.dwg。补画第三视图,完成立体表面其余两投影。

4. 打开文件 3.12-4.dwg。补画第三视图,完成立体表面其余两投影。

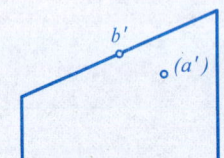

班级　　　　　姓名　　　　　学号

模块 4 轴测图与三维建模基础

4.1 画出下列物体的正等测图（一）

1.

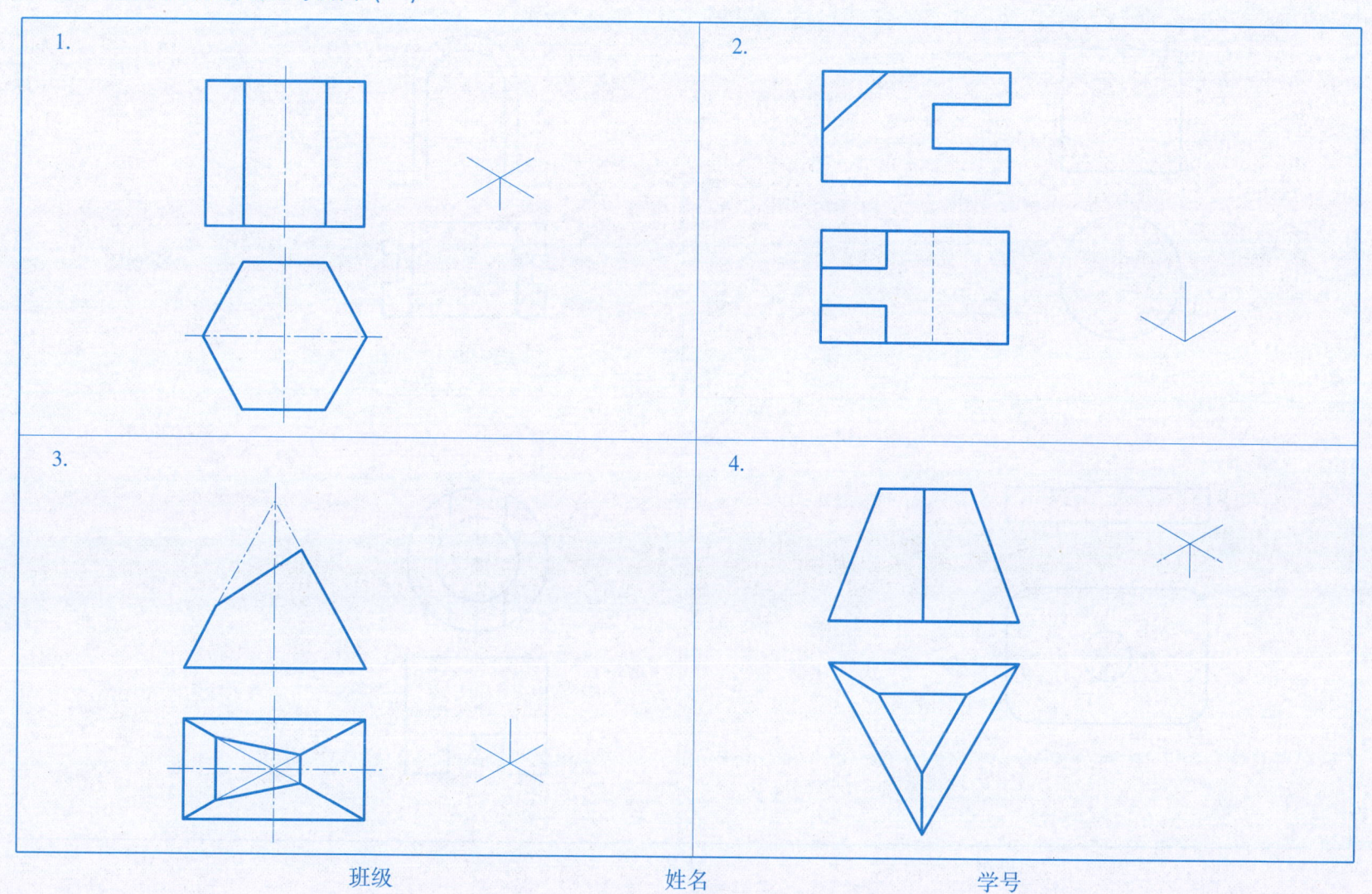

2.

3.

4.

班级　　　　　　　姓名　　　　　　　学号

4.2 画出下列物体的正等测图（二）

1.

2.

3.

4.

班级　　　　　　姓名　　　　　　学号

4.3 正等测画法 AutoCAD 练习

1. 打开文件 4.3 - 1.dwg。创建物体的三维模型，利用平面摄影命令创建正等测图。（可参考视频 4.3 - 1.mp4）

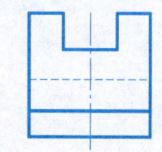

2. 打开文件 4.3 - 2.dwg。创建物体的三维模型，利用平面摄影命令创建正等测图。（可参考视频 4.3 - 2.mp4）

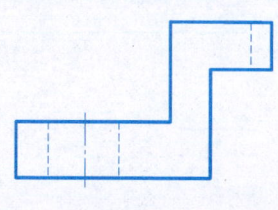

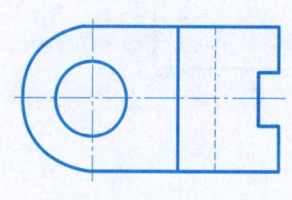

3. 打开文件 4.3 - 3.dwg。创建物体的三维模型，利用平面摄影命令创建正等测图。（可参考视频 4.3 - 3.mp4）

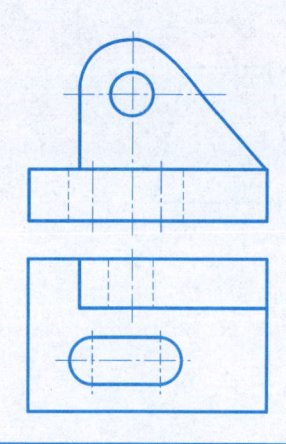

4. 打开文件 4.3 - 4.dwg。创建物体的三维模型，利用平面摄影命令创建正等测图。

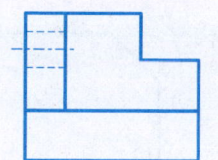

班级　　　　　姓名　　　　　学号

模块 5 切割体与相贯体

5.1 平面切割体（一）

分析立体被截切的情况，补画视图中的漏线。

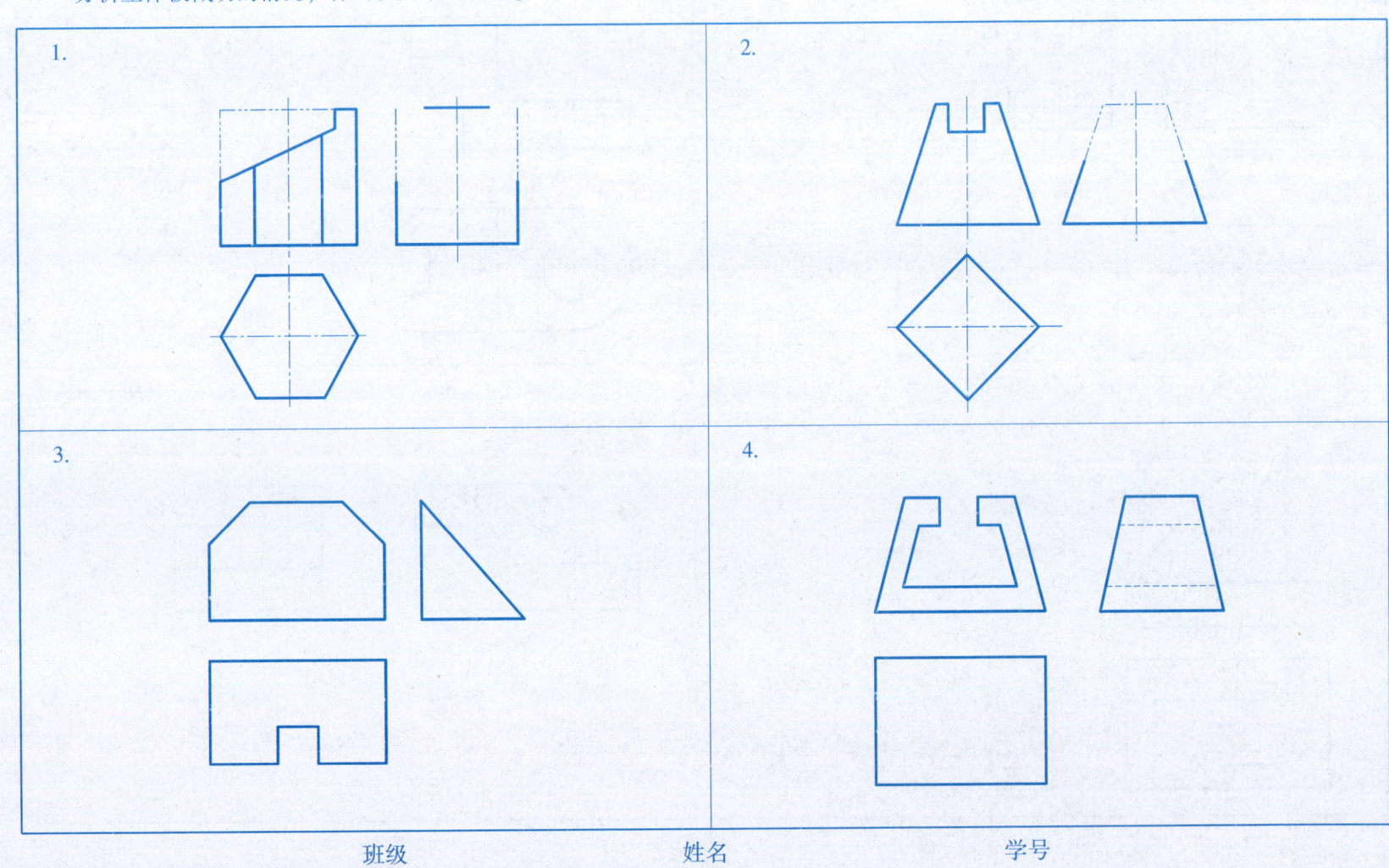

1.

2.

3.

4.

班级　　　　　　姓名　　　　　　学号

5.2 平面切割体（二）

分析立体被截切的情况，补画第三视图，补画视图中的漏线。

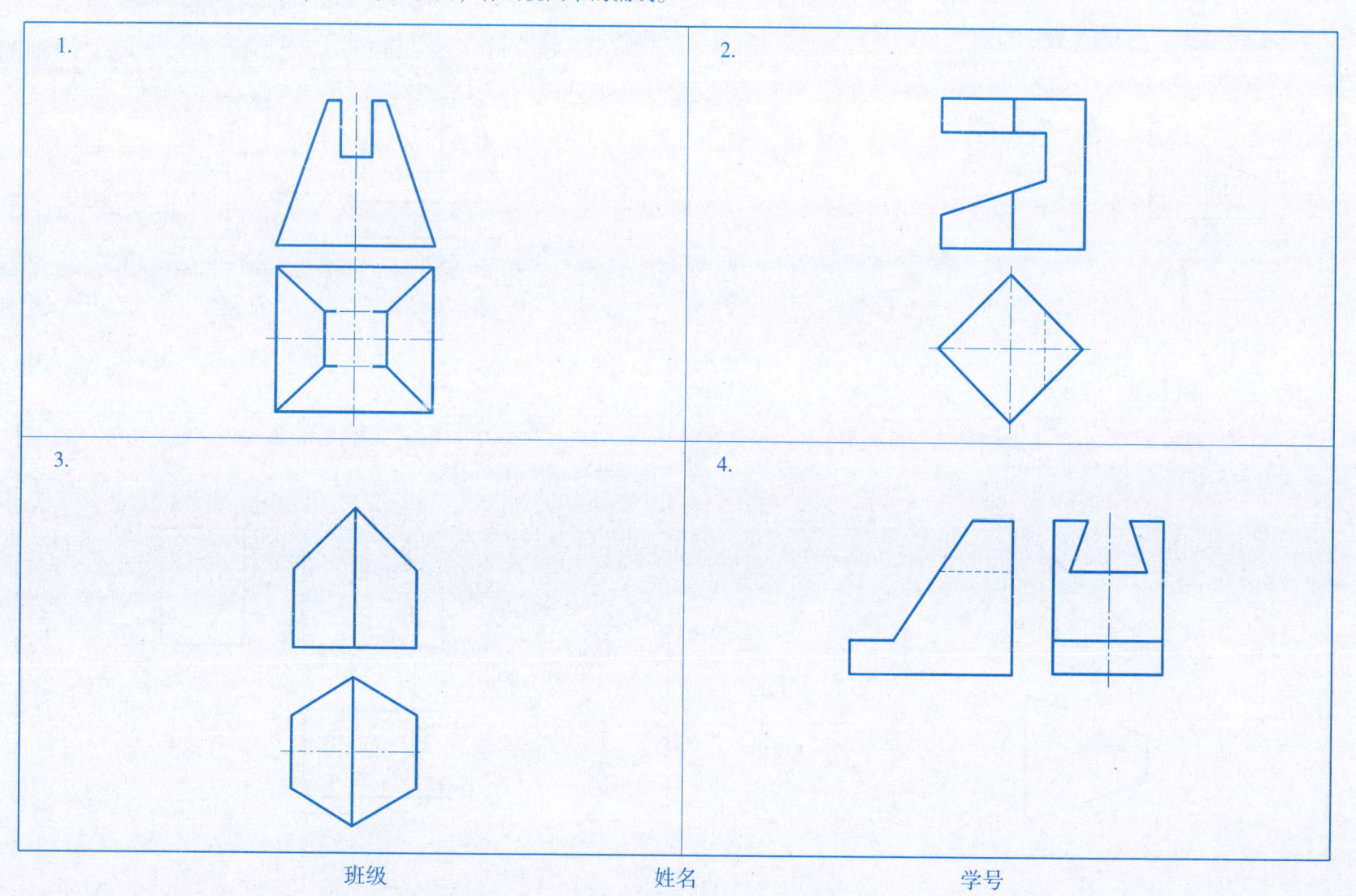

1.

2.

3.

4.

班级　　　　　　姓名　　　　　　学号

5.3 平面切割体 AutoCAD 练习

1. 打开文件 5.3-1.dwg。创建物体的三维模型，利用平面摄影命令补画左视图。（可参考视频 5.3-1.mp4）

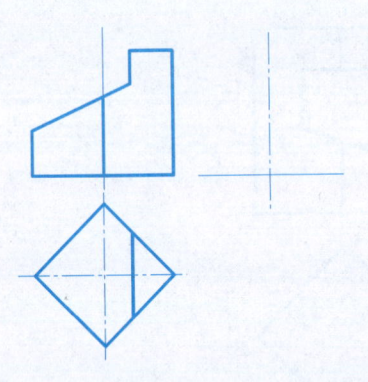

2. 打开文件 5.3-2.dwg。创建物体的三维模型，利用平面摄影命令补画图中的缺线。（可参考视频 5.3-2.mp4）

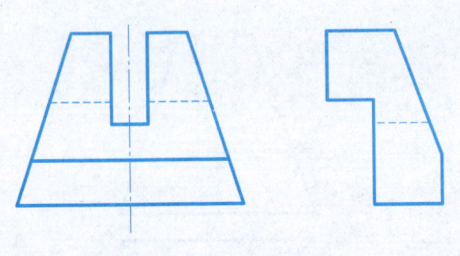

3. 打开文件 5.3-3.dwg。创建物体的三维模型，利用平面摄影命令补画左视图。

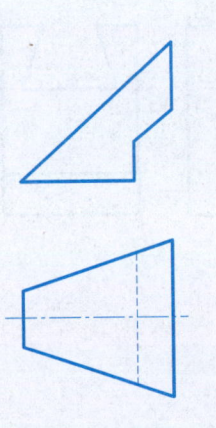

4. 打开文件 5.3-4.dwg。创建物体的三维模型，利用平面摄影命令补画三视图的漏线。

班级　　　　　姓名　　　　　学号

5.4 曲面切割体（一）

分析曲面立体的截交线，补画第三视图。

1.

2.

3.

4.

班级　　　　　　　姓名　　　　　　　学号

5.5 曲面切割体（二）

分析曲面立体的截交线，补全三视图中的缺线。

1.

2.

3.

4.

班级　　　　　　姓名　　　　　　学号

5.6 曲面切割体 AutoCAD 练习

1. 打开文件 5.6 – 1.dwg。创建物体的三维模型，利用平面摄影命令补画第三视图。（可参考视频 5.6 – 1.mp4）

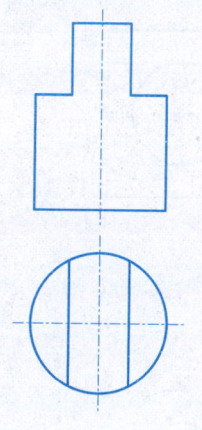

2. 打开文件 5.6 – 2.dwg。创建物体的三维模型，利用平面摄影命令补画第三视图。（可参考视频 5.6 – 2.mp4）

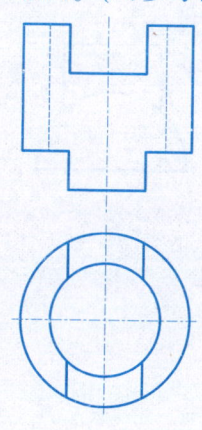

3. 打开文件 5.6 – 3.dwg。创建物体的三维模型，利用平面摄影命令补画第三视图。

4. 打开文件 5.6 – 4.dwg。创建物体的三维模型，利用平面摄影命令补画第三视图。

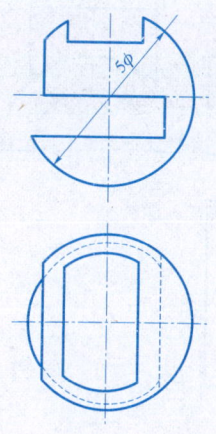

班级　　　　姓名　　　　学号

5.7 相贯线画法（一）
绘制下列相贯线的投影。

1.

2.

3.

4.

班级　　　　　　姓名　　　　　　学号

5.8 相贯线画法 AutoCAD 练习（一）

1. 打开文件 5.8－1.dwg。创建物体的三维模型，利用平面摄影命令补画相贯线的投影。（可参考视频 5.8－1.mp4）

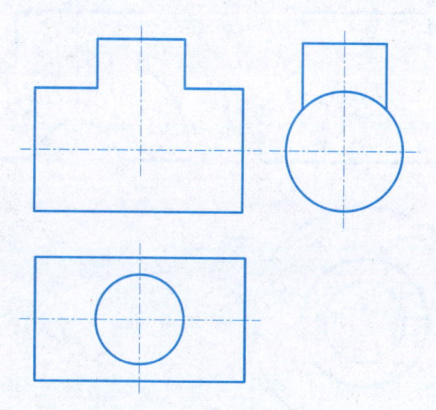

2. 打开文件 5.8－2.dwg。创建物体的三维模型，利用平面摄影命令补画相贯线的投影。（可参考视频 5.8－2.mp4）

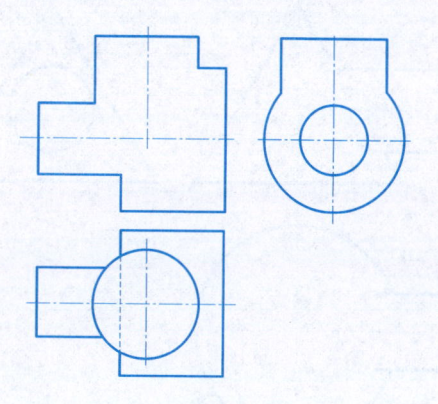

3. 打开文件 5.8－3.dwg。创建物体的三维模型，利用平面摄影命令补画左视图。

4. 打开文件 5.8－4.dwg。创建物体的三维模型，利用平面摄影命令补画相贯线的投影。

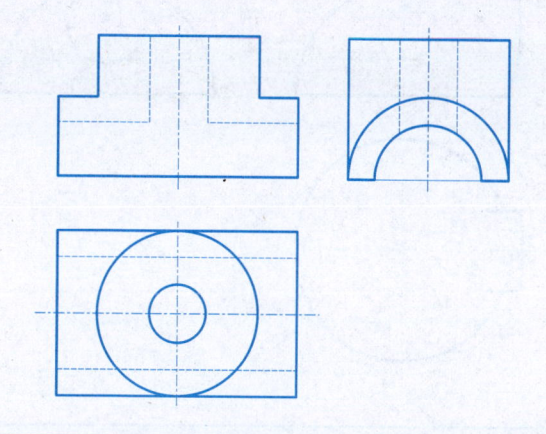

班级　　　　　姓名　　　　　学号

5.9 相贯线画法（二）

绘制下列相贯线的投影。

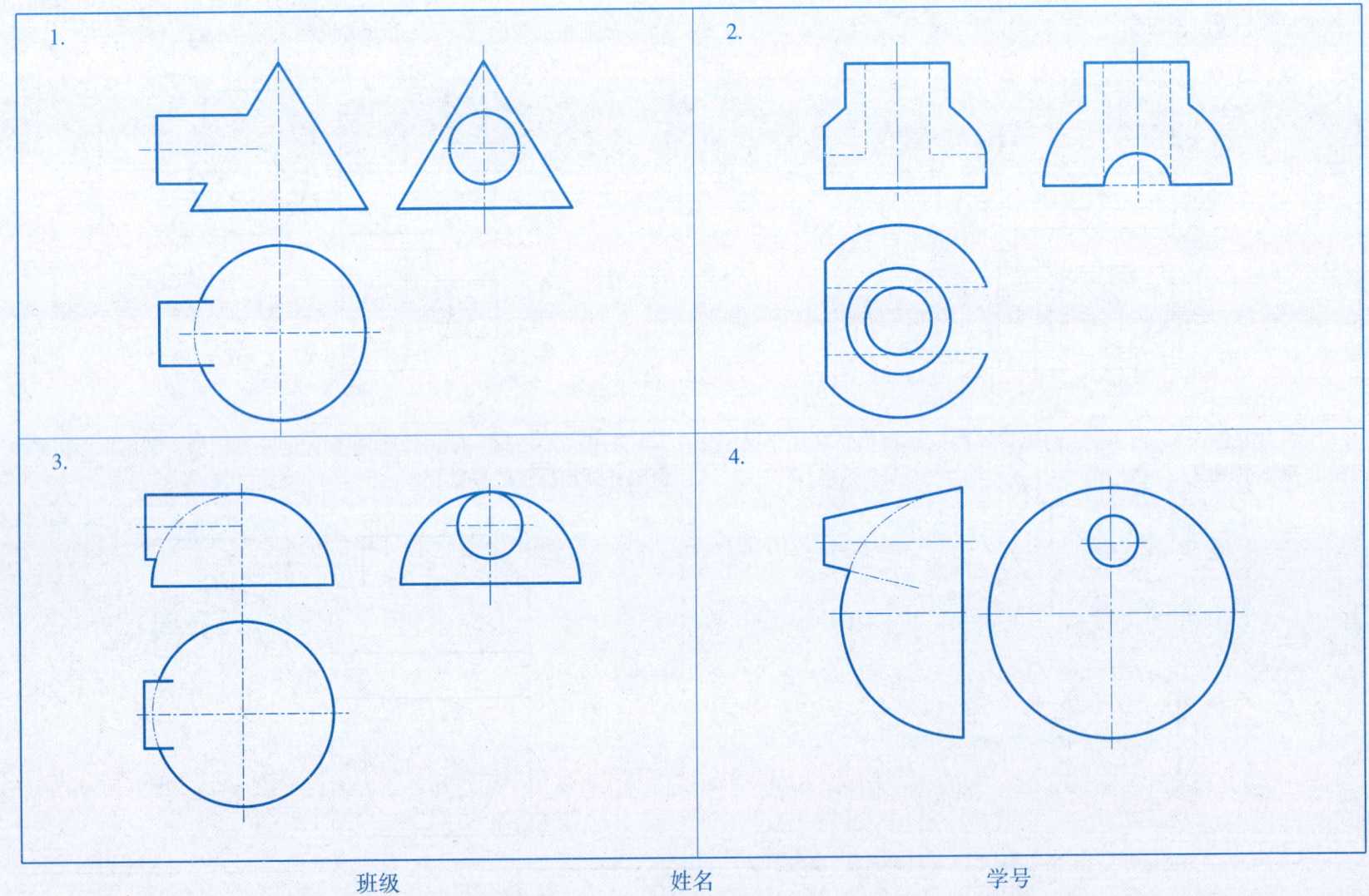

1.

2.

3.

4.

| 班级 | 姓名 | 学号 |

5.10 相贯线画法 AutoCAD 练习（二）

1. 打开文件 5.10 – 1.dwg。创建物体的三维模型，利用平面摄影命令补画相贯线的投影。（可参考视频 5.10 – 1.mp4）

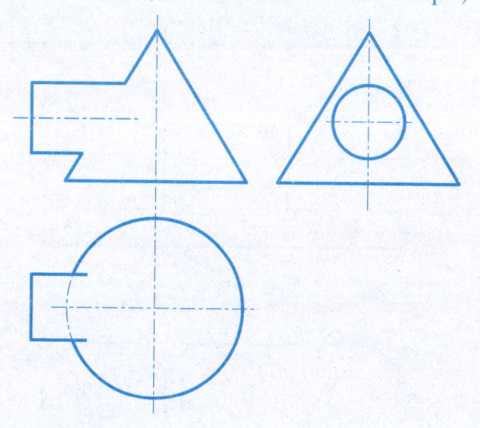

2. 打开文件 5.10 – 2.dwg。创建物体的三维模型，利用平面摄影命令补画相贯线的投影。（可参考视频 5.10 – 2.mp4）

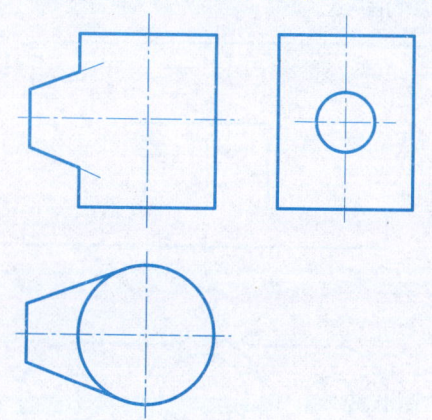

3. 打开文件 5.10 – 3.dwg。创建物体的三维模型，利用平面摄影命令补画相贯线的投影。

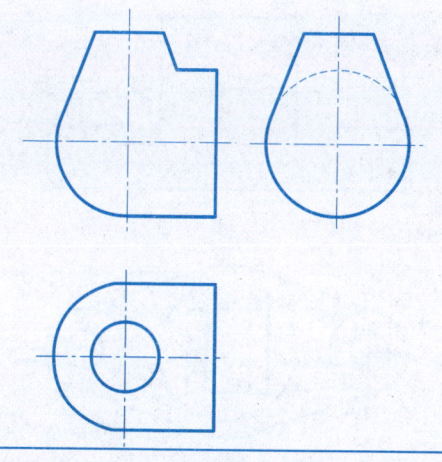

4. 打开文件 5.10 – 4.dwg。创建物体的三维模型，利用平面摄影命令补画相贯线的投影。

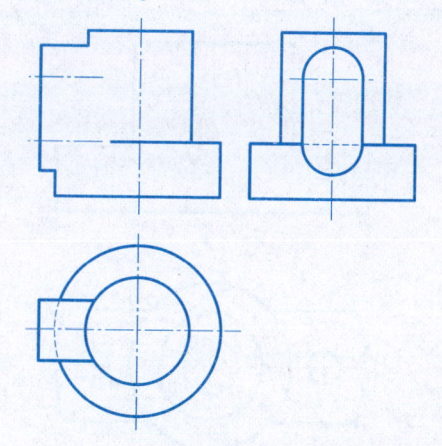

班级　　　　　　姓名　　　　　　学号

模块 6　组合体

6.1　组合体画法（一）
补画视图中的缺线。

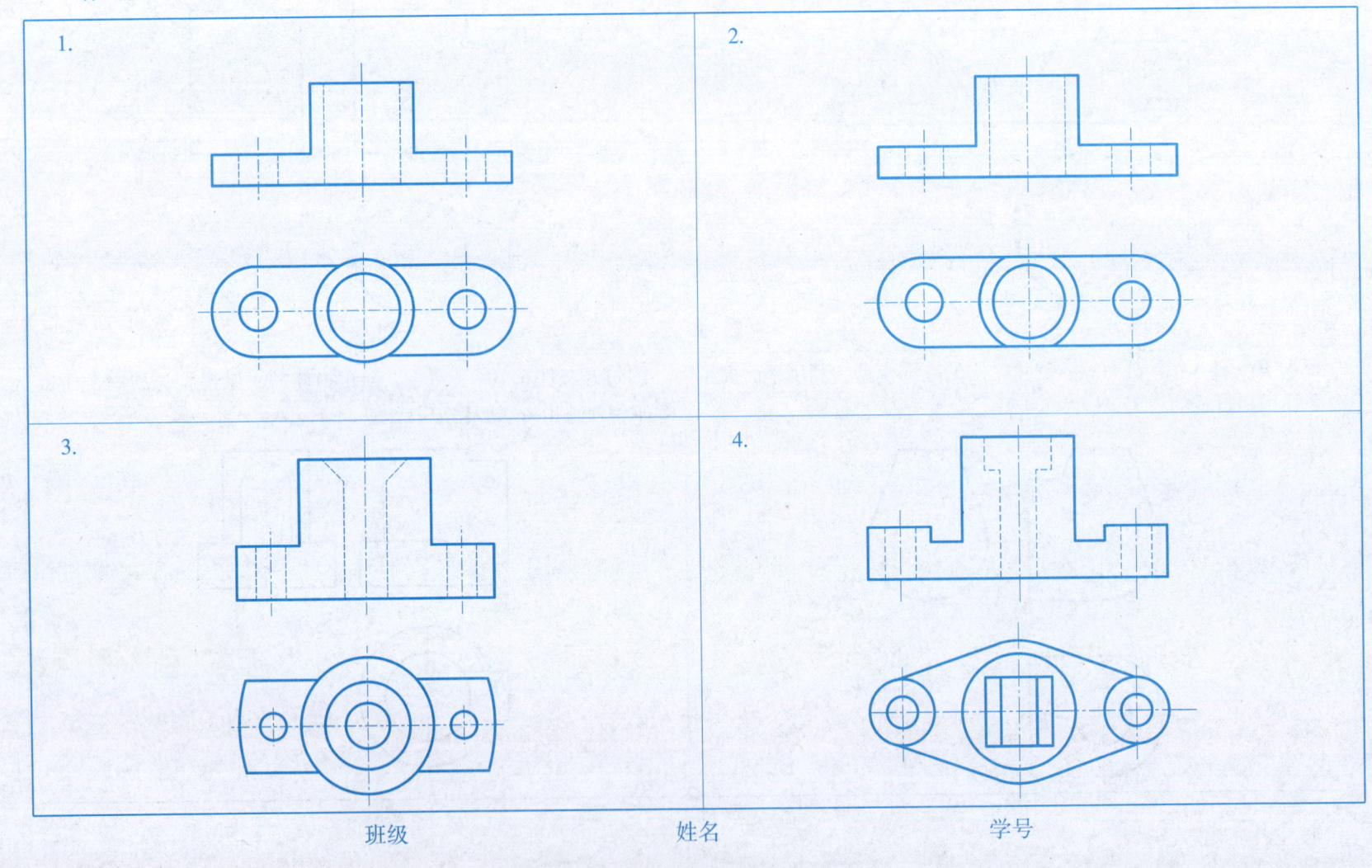

1.

2.

3.

4.

班级　　　　　　　　　姓名　　　　　　　　　学号

6.2 组合体画法（二）

绘制下列立体的三视图（尺寸从图中量取）。

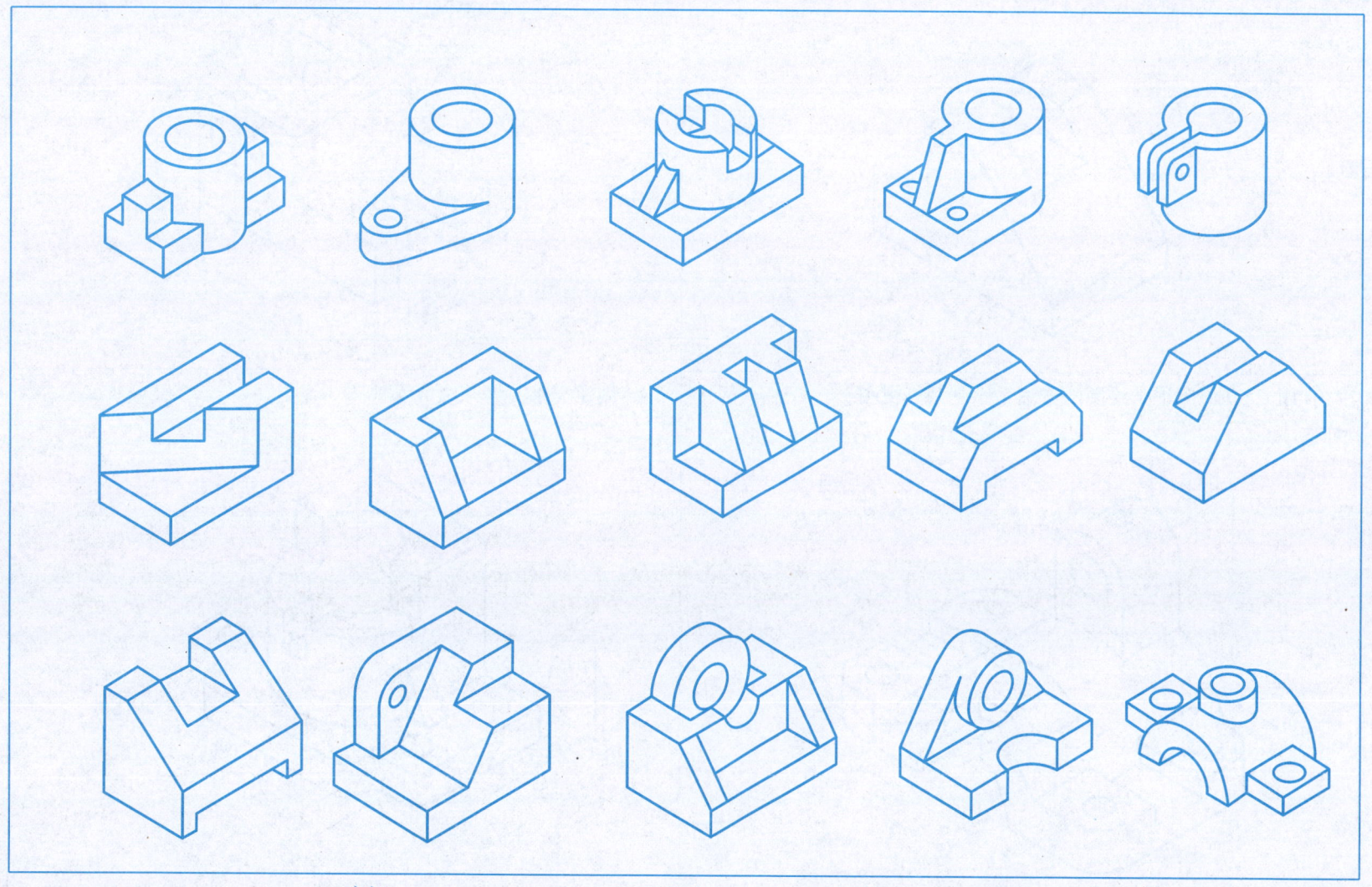

班级　　　　　　姓名　　　　　　学号

6.3 组合体画法 AutoCAD 练习

1. 打开文件 6.3 – 1. dwg。用 CAD 仿照手工绘图的方法，绘制其三视图。（可参考视频 6.3 – 1. mp4）

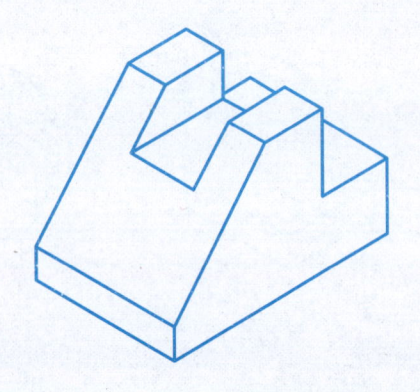

2. 创建三维实体并生成三视图。（可参考视频 6.3 – 2. mp4）

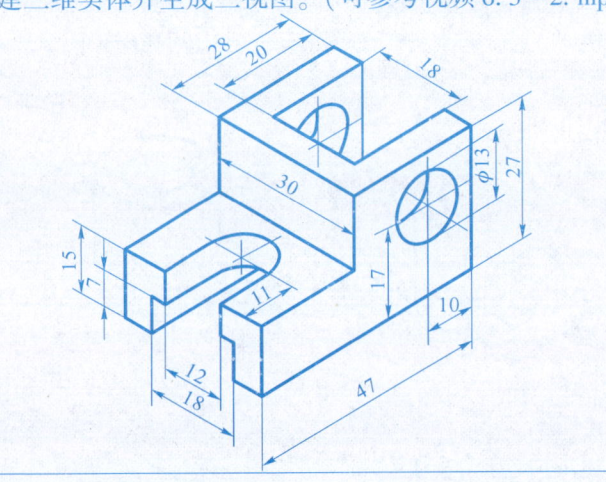

3. 用 CAD 仿照手工绘图的方法，绘制其三视图。

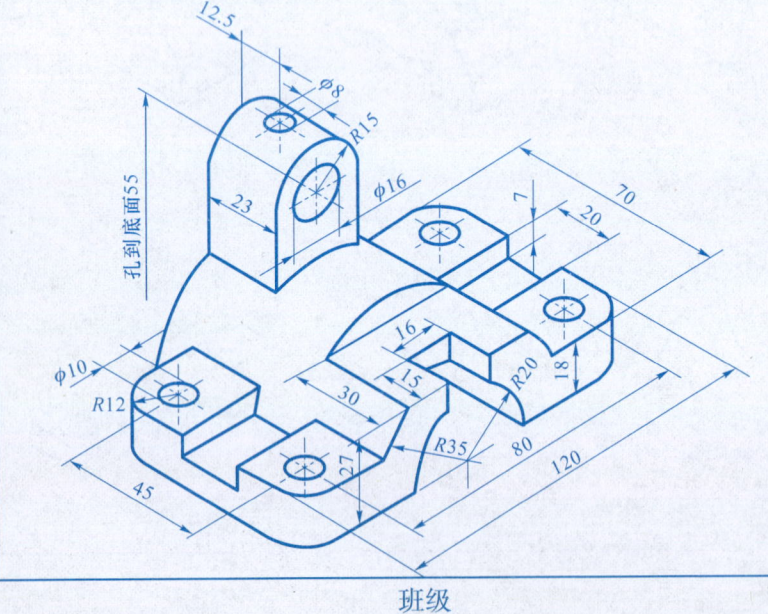

4. 创建三维实体并生成三视图。

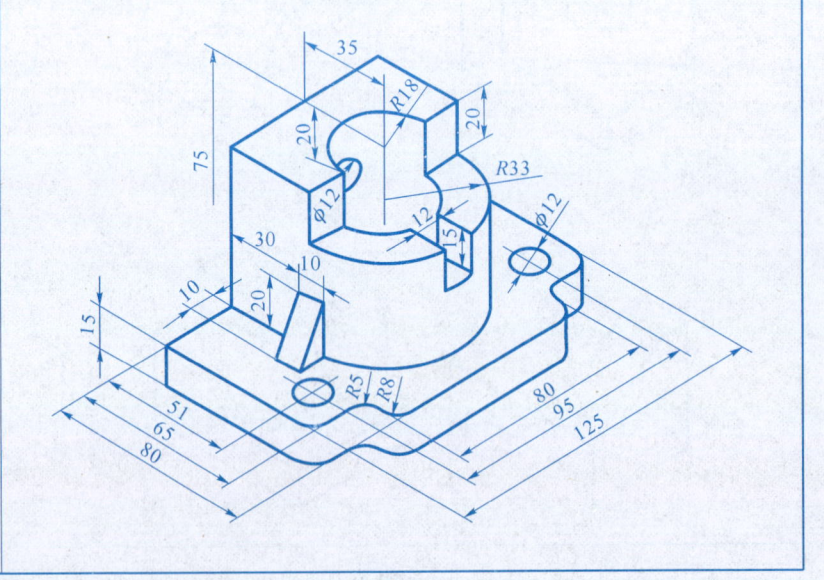

班级　　　　　　姓名　　　　　　学号

— 40 —

6.4 标注组合体的尺寸（尺寸从图中量取，取整数）

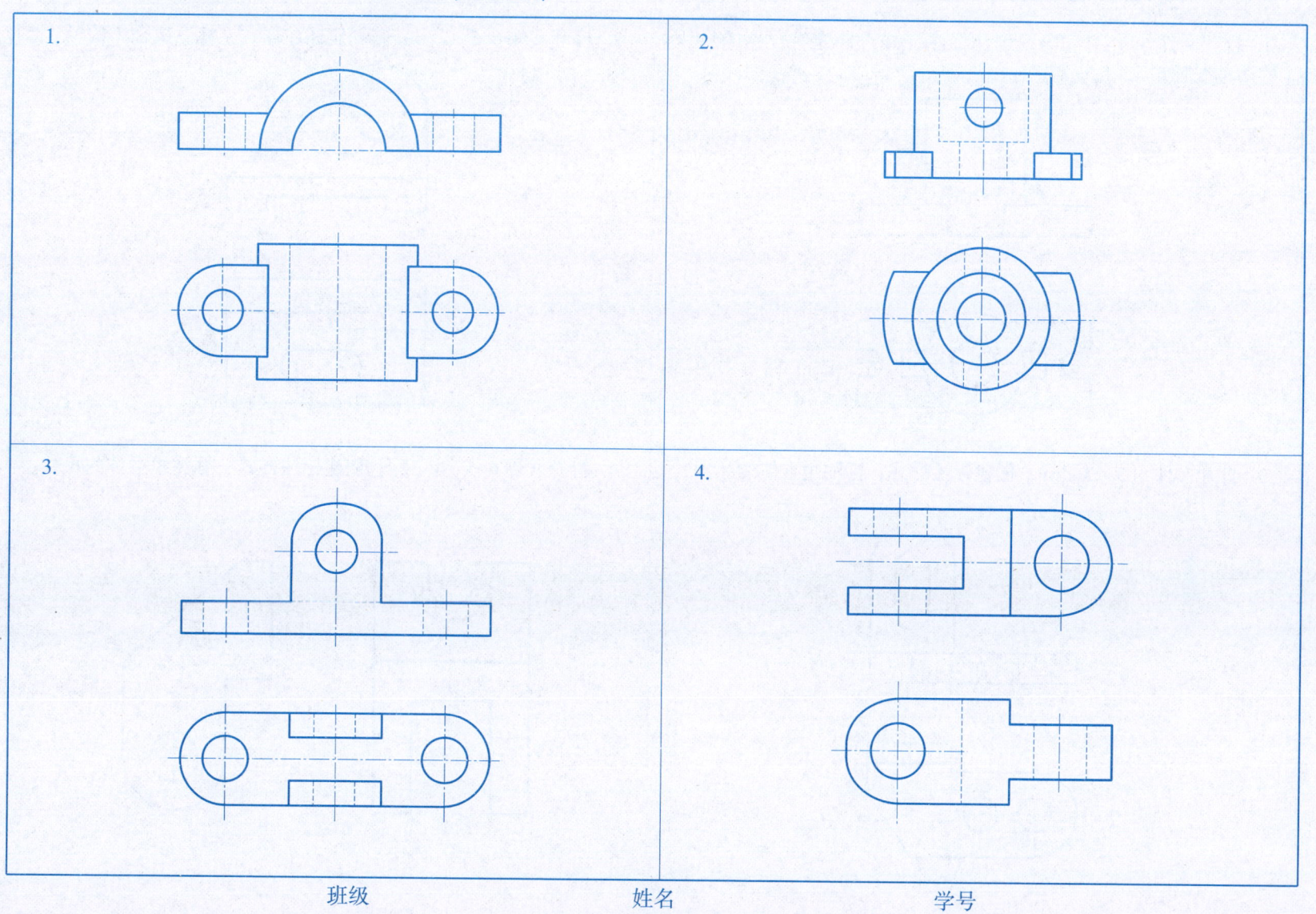

1.

2.

3.

4.

班级　　　　　　　姓名　　　　　　　学号

— 41 —

6.5 组合体尺寸标注 AutoCAD 练习

1. 打开文件 6.5 – 1. dwg。创建标注样式，标注组合体的尺寸。（可参考视频 6.5 – 1. mp4）

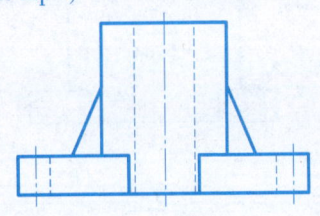

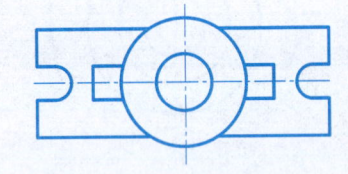

2. 打开文件 6.5 – 2. dwg。创建标注样式，标注组合体的尺寸。

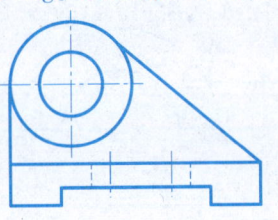

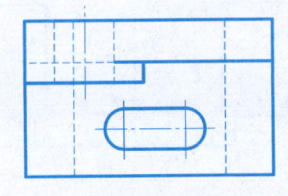

3. 打开文件 6.5 – 3. dwg。创建标注样式，标注组合体的尺寸。

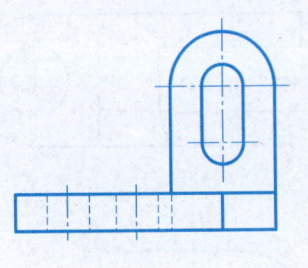

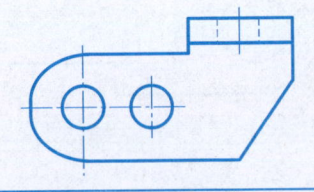

4. 打开文件 6.5 – 4. dwg。创建标注样式，标注组合体的尺寸。

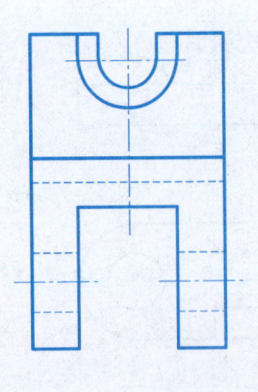

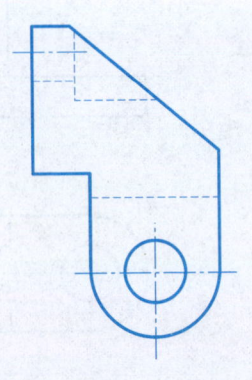

班级　　　　　姓名　　　　　学号

6.6 根据组合体的两视图，补画第三视图（一）

1.

2.

3.

4.

班级　　　　　　姓名　　　　　　学号

6.7 根据组合体的两视图，补画第三视图（二）

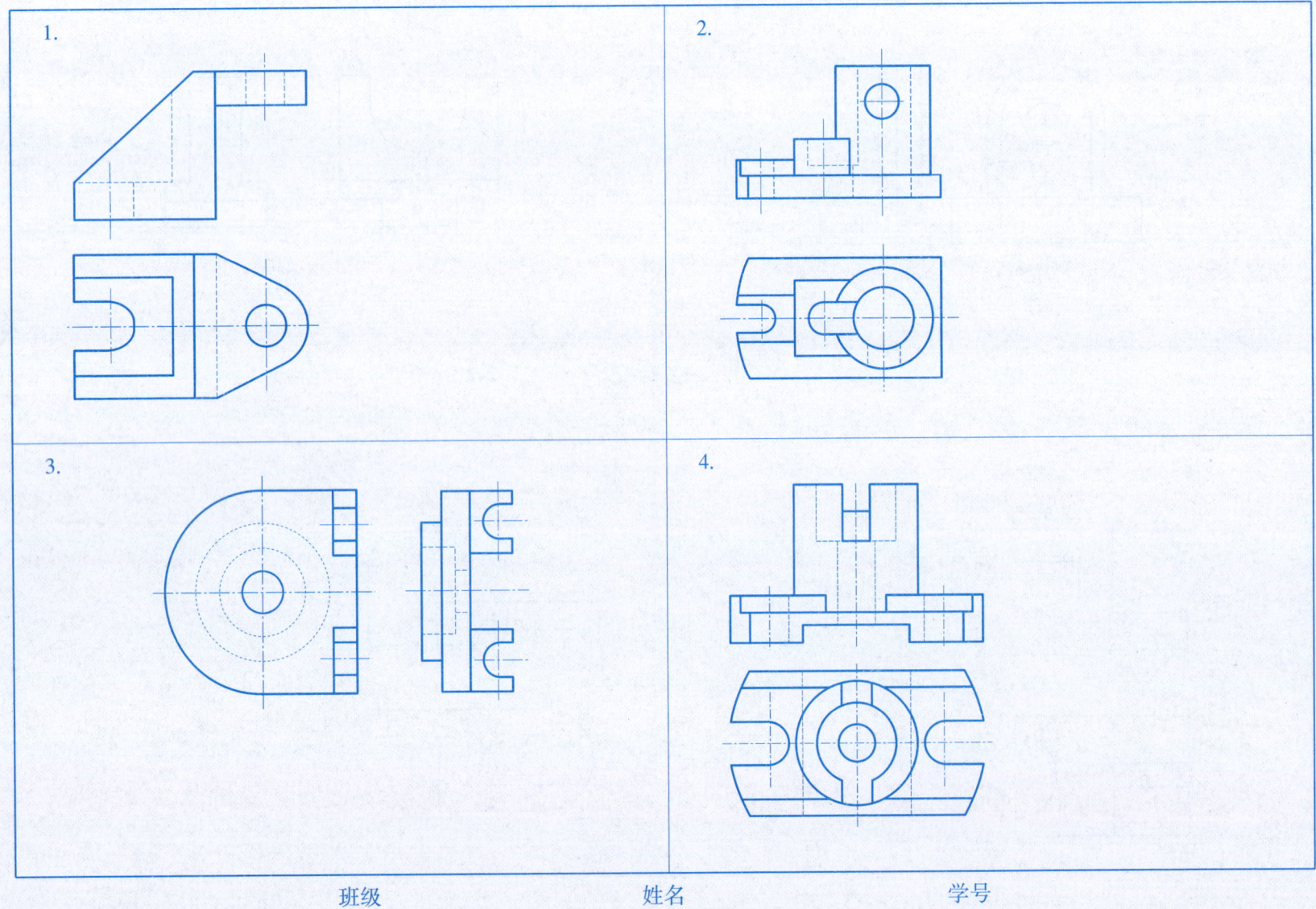

1.

2.

3.

4.

班级　　　　　　　　姓名　　　　　　　　学号

6.8 读懂视图，补齐三视图中漏缺的图线

1.

2.

3.

4.

班级　　　　　　姓名　　　　　　学号

6.9　组合体视图的识读 AutoCAD 练习（一）

1. 打开文件 6.9－1.dwg。根据已知两视图，仿照手工制图方法，补画第三视图。（可参考视频 6.9－1.mp4）

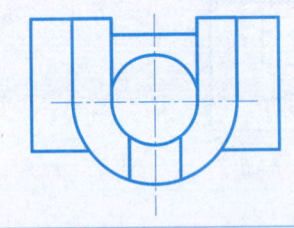

2. 打开文件 6.9－2.dwg。根据已知两视图，用建模方法补画第三视图，并生成轴测图。（可参考视频 6.9－2.mp4）

3. 打开文件 6.9－3.dwg。根据已知两视图，补画第三视图。

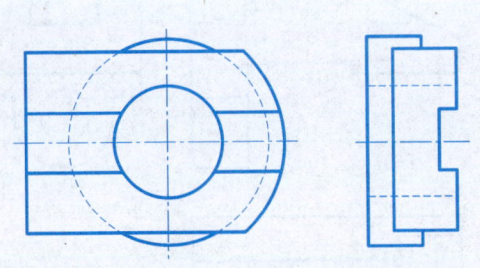

4. 打开文件 6.9－4.dwg。根据已知两视图，补画第三视图。

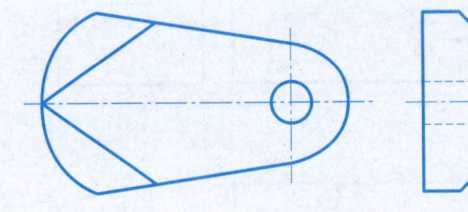

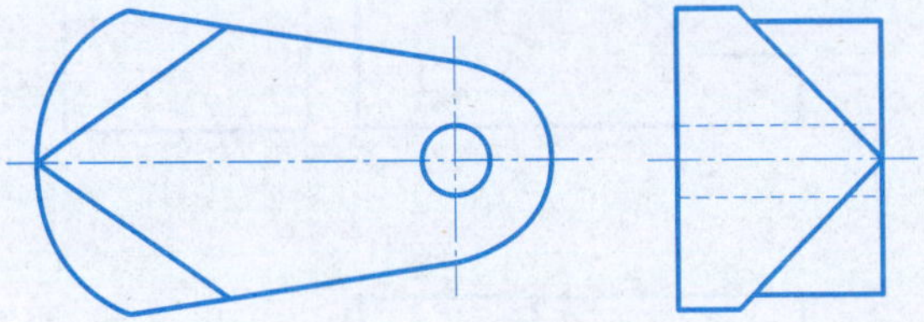

班级　　　　　姓名　　　　　学号

6.10　组合体视图的识读 AutoCAD 练习（二）

1. 打开文件 6.10 – 1.dwg，仿照手工制图方法，补画三视图中的缺线。（可参考视频 6.10 – 1.mp4）

2. 打开文件 6.10 – 2.dwg。用建模方法补画三视图中的缺线，并生成轴测图。（可参考视频 6.10 – 2.mp4）

3. 打开文件 6.10 – 3.dwg。补画三视图中的缺线。

4. 打开文件 6.10 – 4.dwg。补画三视图中的缺线。

班级　　　　　姓名　　　　　学号

模块 7 　机械图样的表达方法

7.1　基本视图

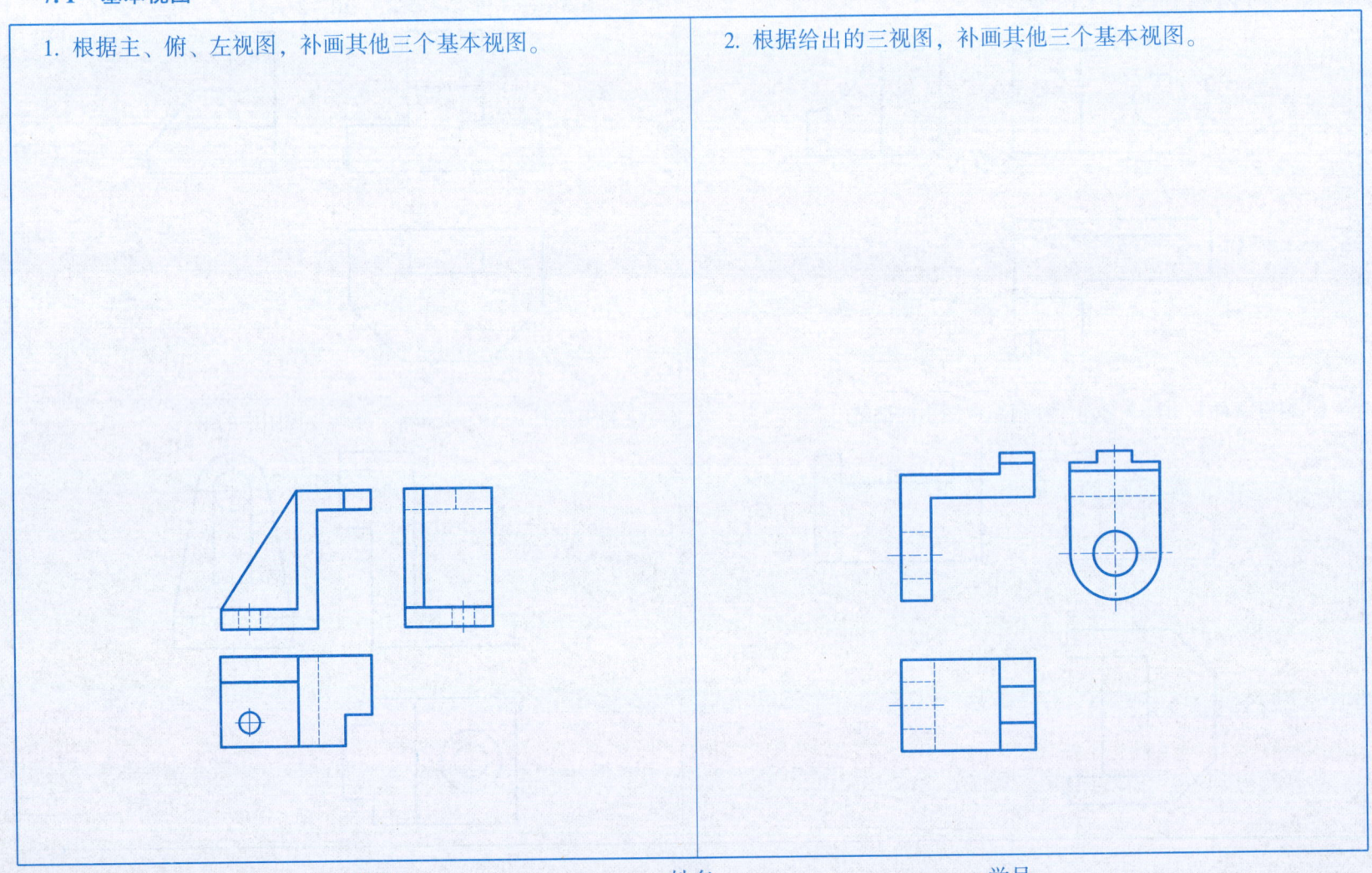

1. 根据主、俯、左视图，补画其他三个基本视图。

2. 根据给出的三视图，补画其他三个基本视图。

班级　　　　　　　　姓名　　　　　　　　学号

7.1 基本视图（续）

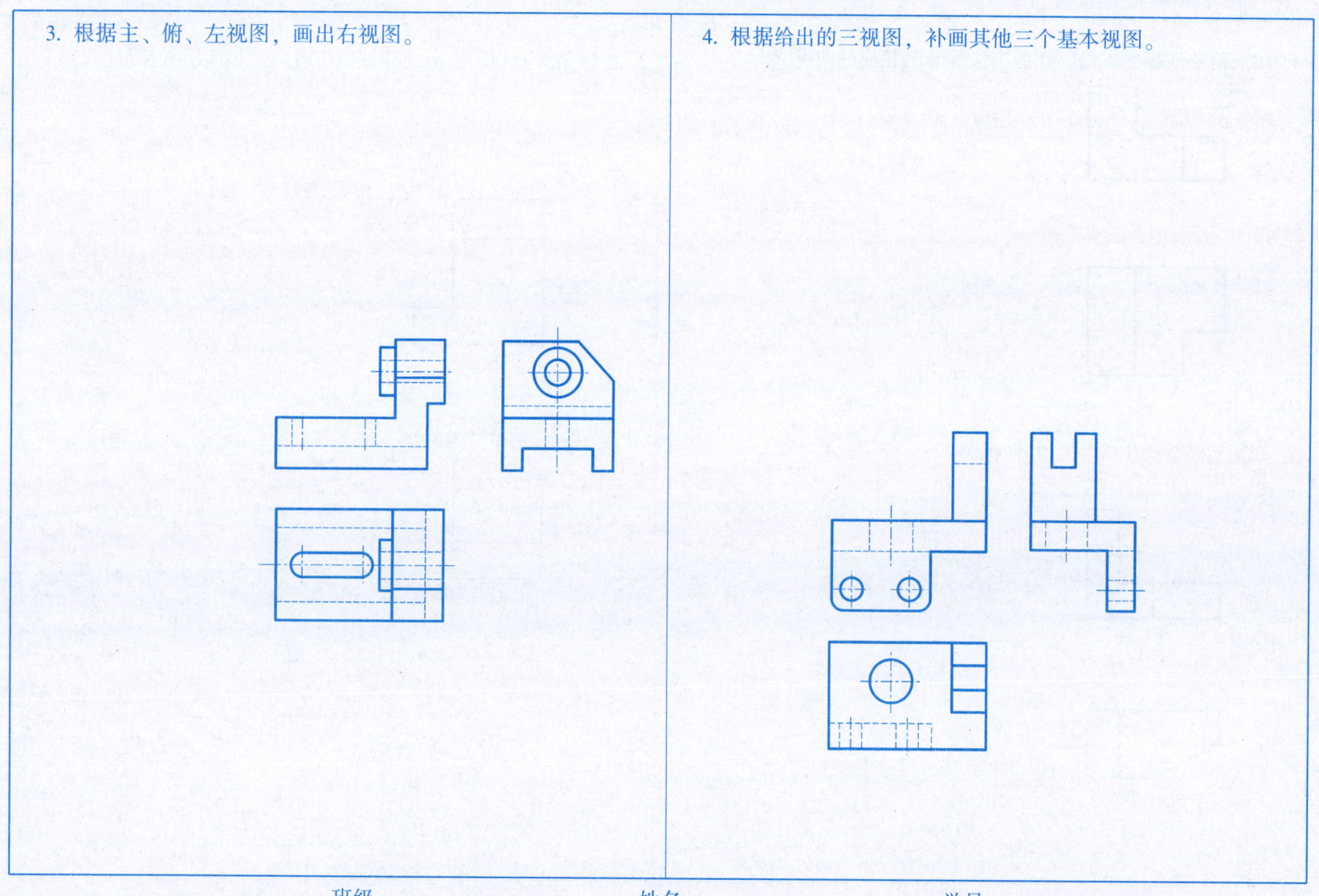

3. 根据主、俯、左视图，画出右视图。

4. 根据给出的三视图，补画其他三个基本视图。

7.2 向视图

1. 按照箭头所指的方向，在适当位置画出相应的向视图。

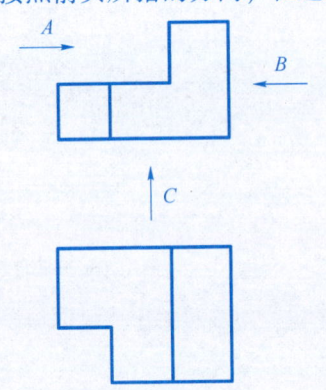

2. 在指定位置画出 A、B、C 向视图。

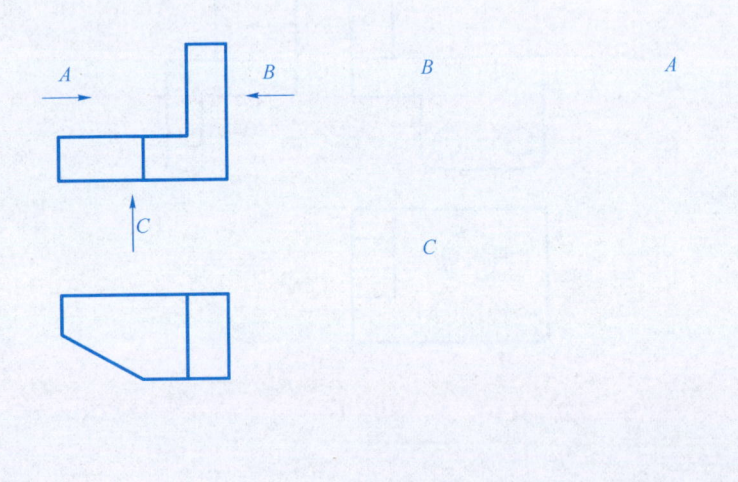

3. 按照箭头所指的方向，在适当位置画出相应的向视图。

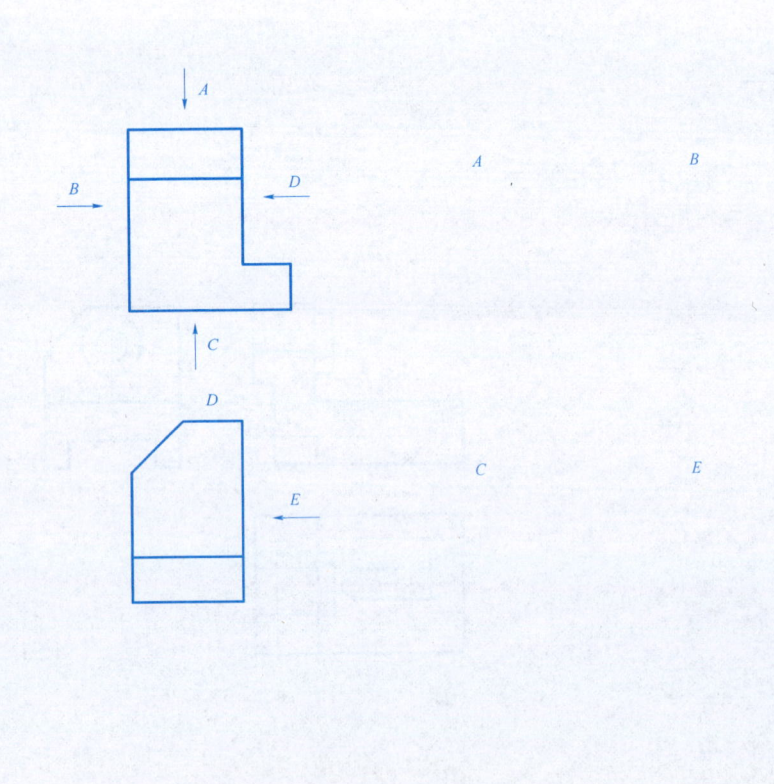

班级　　　　　　姓名　　　　　　学号

7.3 基本视图 AutoCAD 练习

1. 打开 7.3-1.dwg，如图所示，按投影原理绘制右、仰、后三个基本视图。(可参考视频 7.3-1.mp4)

2. 打开 7.3-2.dwg，如图所示，根据已知主、俯视图，创建物体的三维模型，并使用平面摄影命令完成其他四面基本视图，也可采用向视图配置。(可参考视频 7.3-2.mp4)

班级　　　　　姓名　　　　　学号

7.3 基本视图 AutoCAD 练习（续）

3. 打开 7.3-3.dwg，如图所示，按投影原理绘制右、仰、后三个基本视图。

4. 打开 7.3-4.dwg，如图所示，按投影原理绘制左、右、仰、后四个基本视图。

班级　　　　　　姓名　　　　　　学号

7.4 局部视图

1. 选择正确的局部视图。

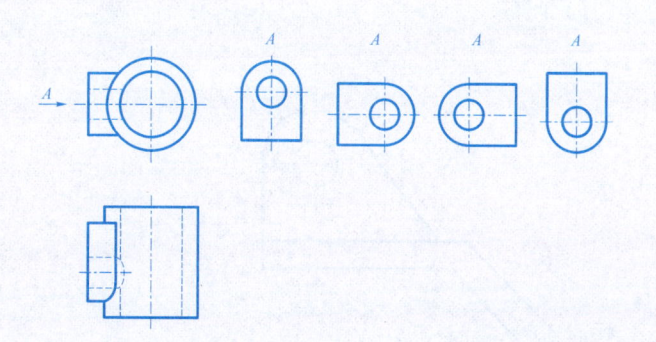

2. 画出 A 向局部视图。

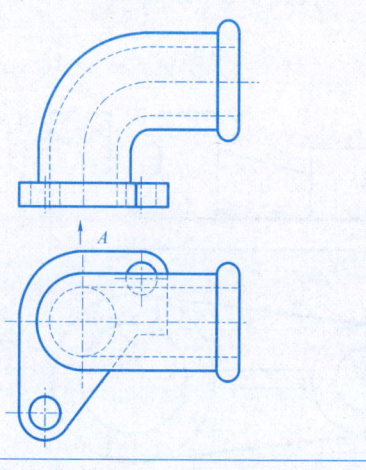

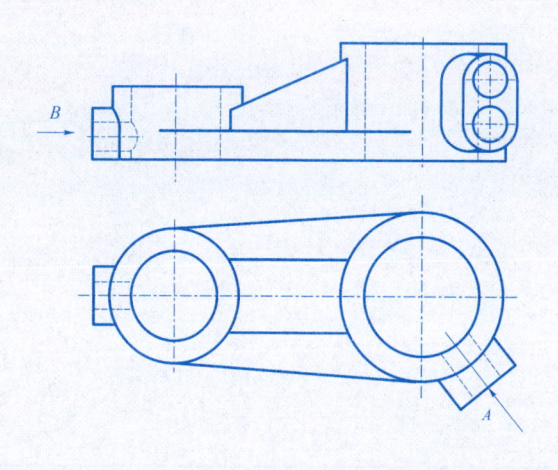

3. 画出 B 向局部视图。

4. 按第三角画法画出支座右部凸台的局部视图,并考虑是否标注。

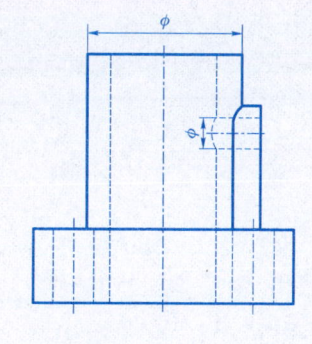

班级　　　　　姓名　　　　　学号

7.5 局部视图 AutoCAD 练习

1. 打开 7.5-1.dwg，如图所示。根据已知主、俯视图，画出机件的 A 向局部视图。（可参考视频 7.5-1.mp4）

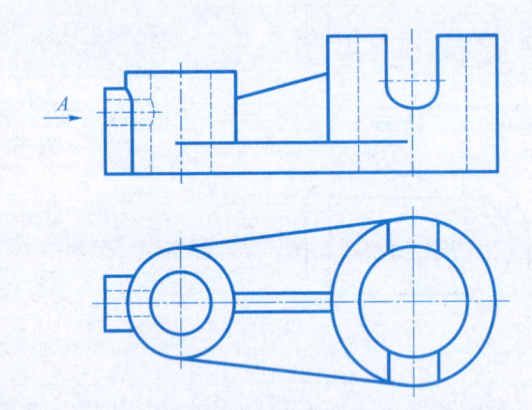

2. 打开 7.5-2.dwg，如图所示。根据已知主、俯视图，画出机件的 A 向局部视图。

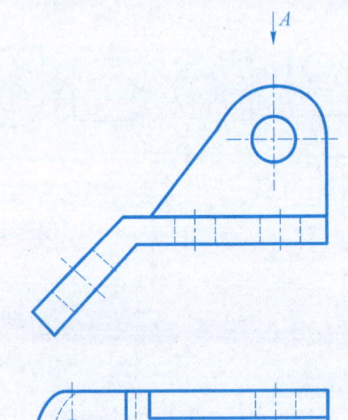

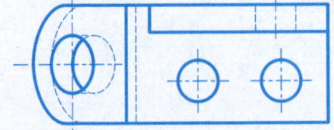

班级　　　　　　姓名　　　　　　学号

— 54 —

7.6 斜视图

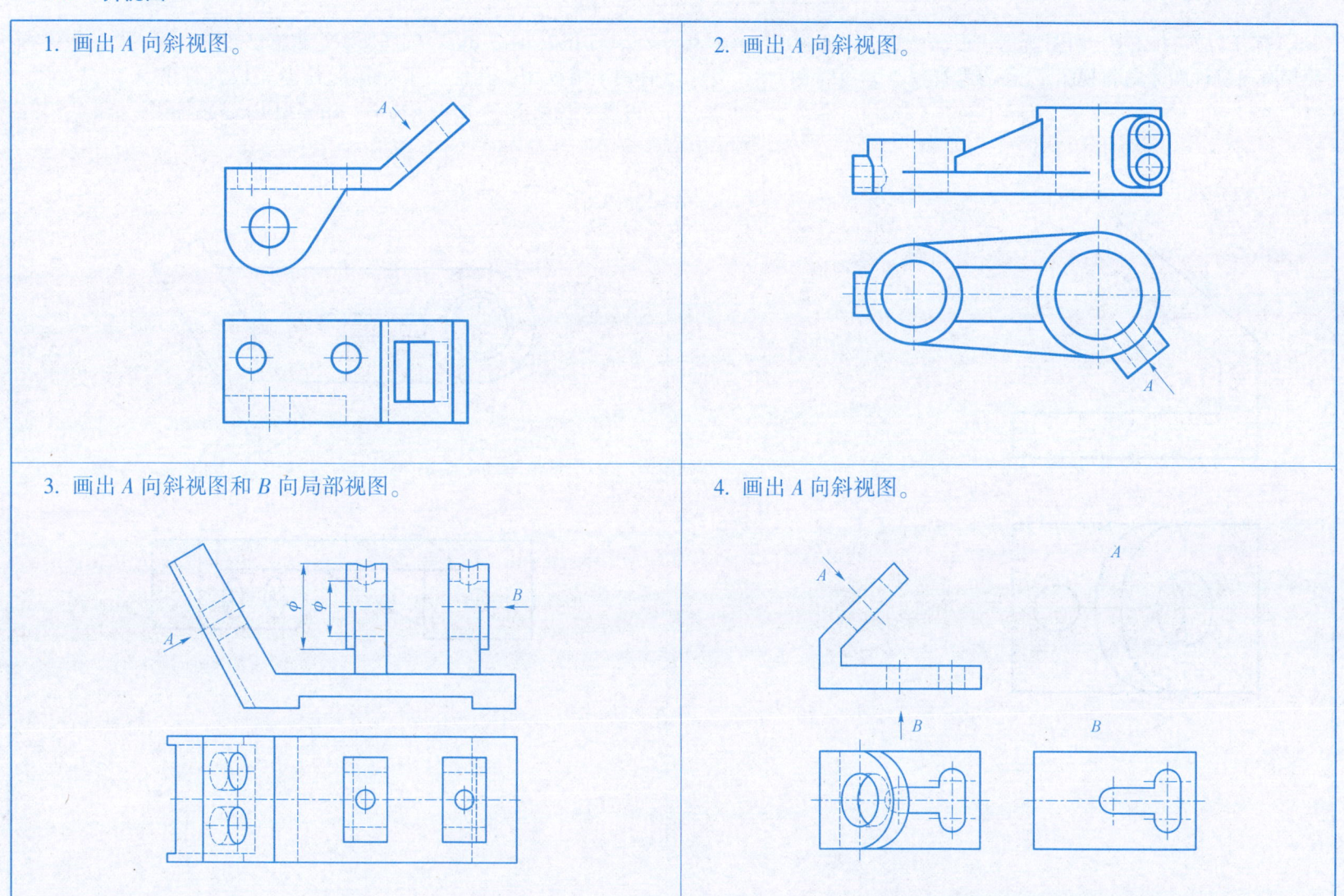

1. 画出 A 向斜视图。

2. 画出 A 向斜视图。

3. 画出 A 向斜视图和 B 向局部视图。

4. 画出 A 向斜视图。

班级　　　　　　　姓名　　　　　　　学号

7.7 斜视图 AutoCAD 练习

1. 打开 7.7-1.dwg，如图所示。根据已知主、俯视图，按投影原理画出机件的 A 向斜视图。（可参考视频 7.7-1.mp4）

2. 打开 7.7-2.dwg，如图所示。根据已知主、俯视图，创建物体的三维模型，并使用平面摄影命令完成机件的 A 向斜视图。（可参考视频 7.7-2.mp4）注：用模型生成局部视图。

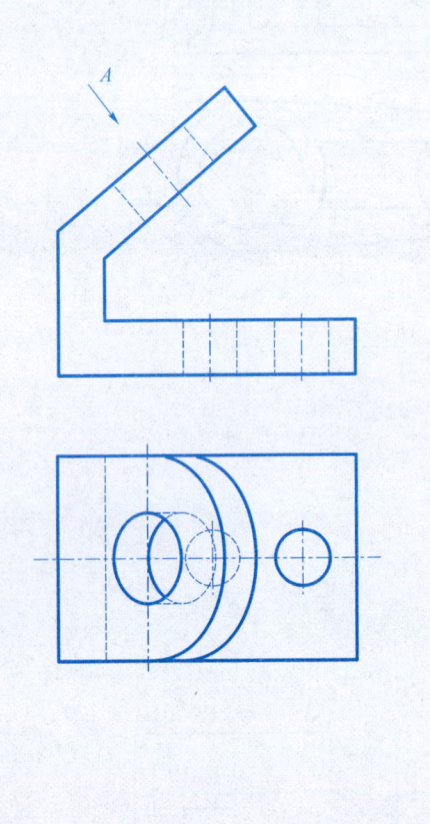

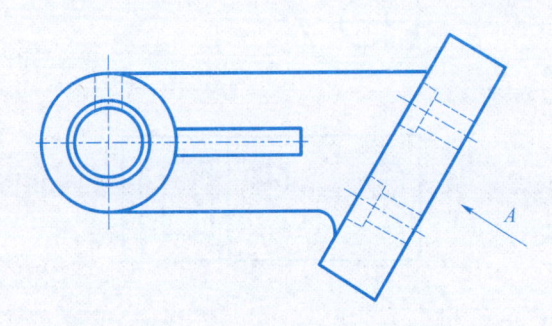

班级　　　　　姓名　　　　　学号

— 56 —

7.8 剖视图

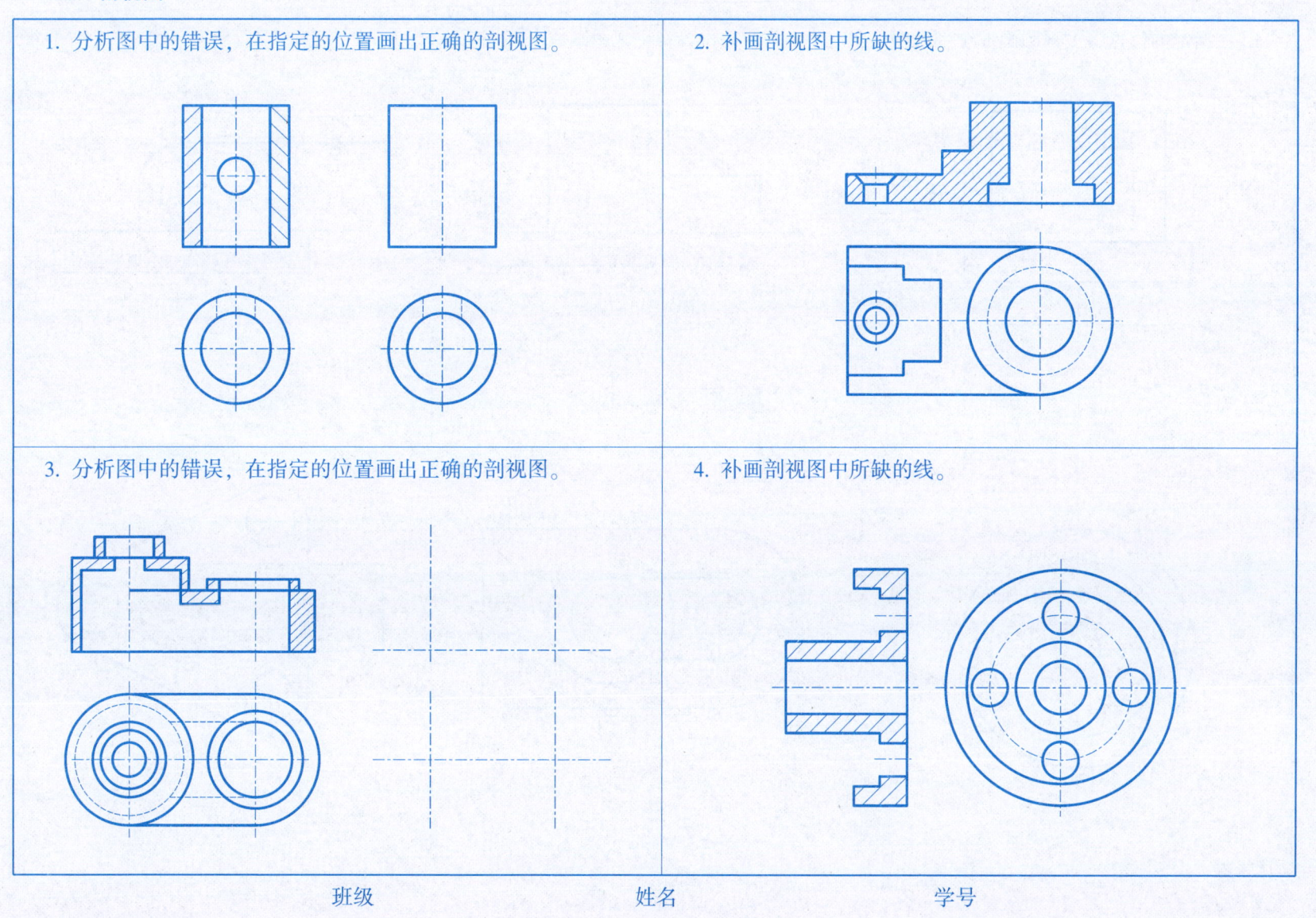

1. 分析图中的错误，在指定的位置画出正确的剖视图。

2. 补画剖视图中所缺的线。

3. 分析图中的错误，在指定的位置画出正确的剖视图。

4. 补画剖视图中所缺的线。

班级　　　　姓名　　　　学号

7.9 全剖视图（一）

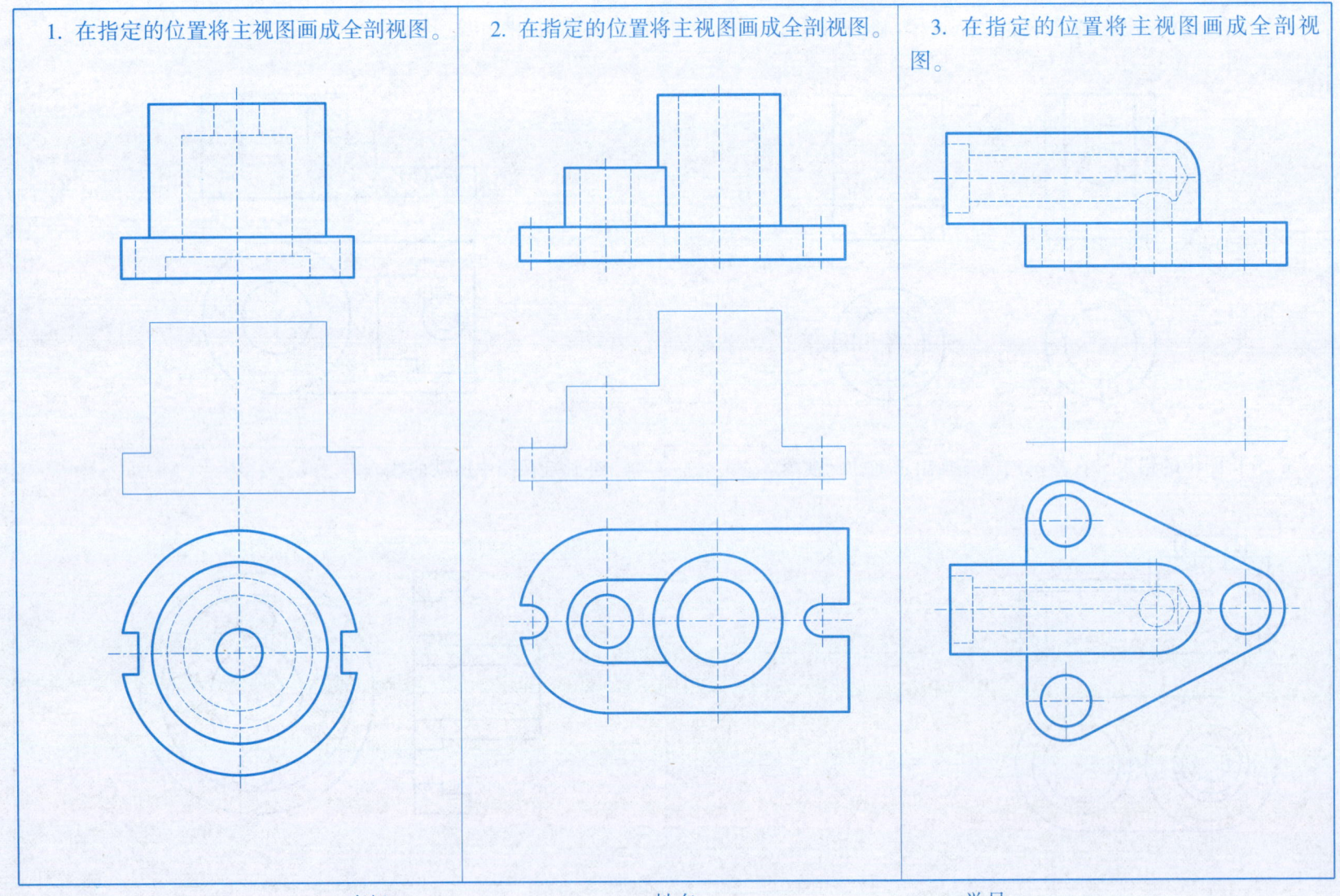

1. 在指定的位置将主视图画成全剖视图。

2. 在指定的位置将主视图画成全剖视图。

3. 在指定的位置将主视图画成全剖视图。

班级　　　　　　　　姓名　　　　　　　　学号

7.10 全剖视图（二）

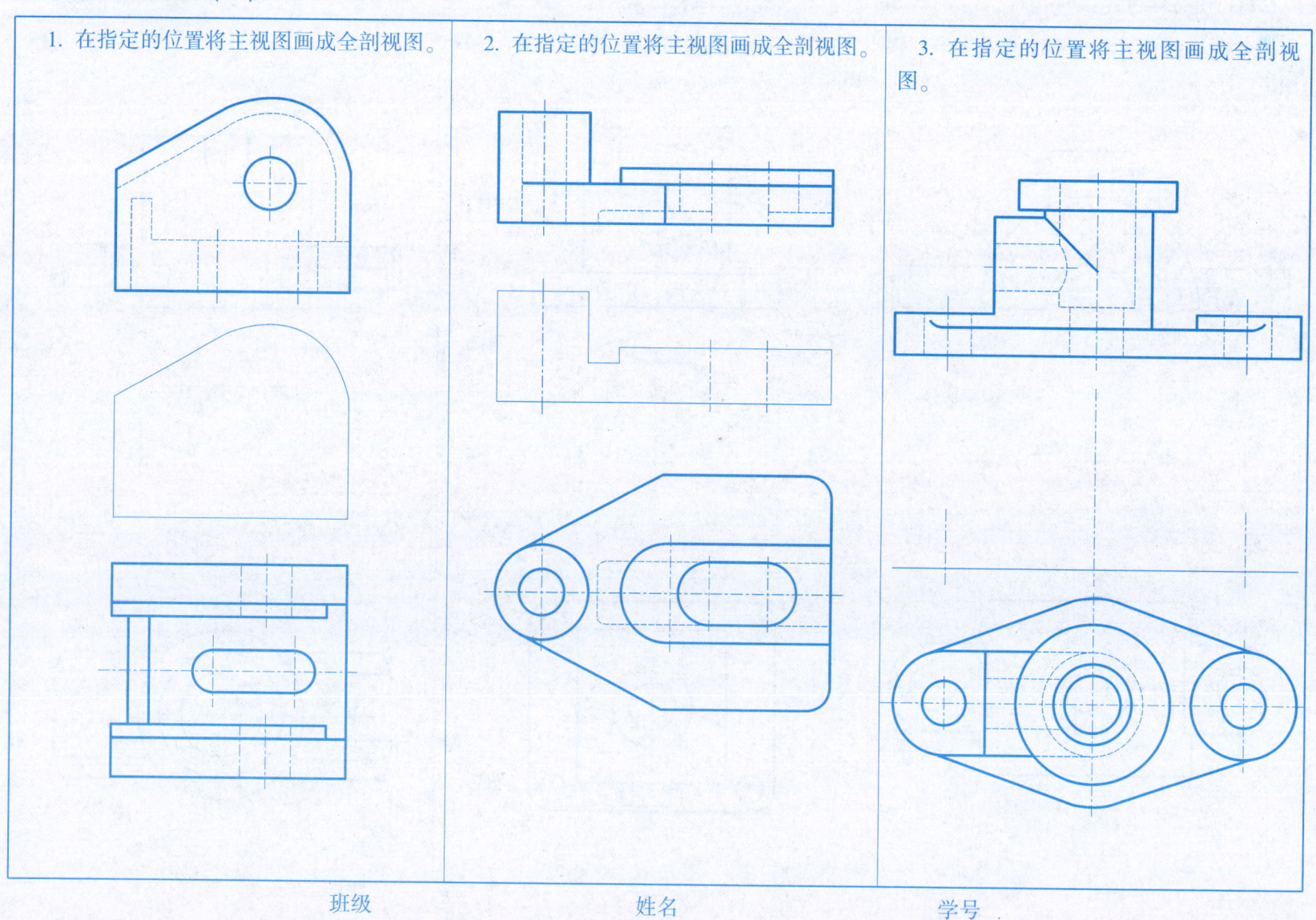

1. 在指定的位置将主视图画成全剖视图。

2. 在指定的位置将主视图画成全剖视图。

3. 在指定的位置将主视图画成全剖视图。

班级　　　　　　　　　姓名　　　　　　　　　学号

7.11 半剖视图（一）

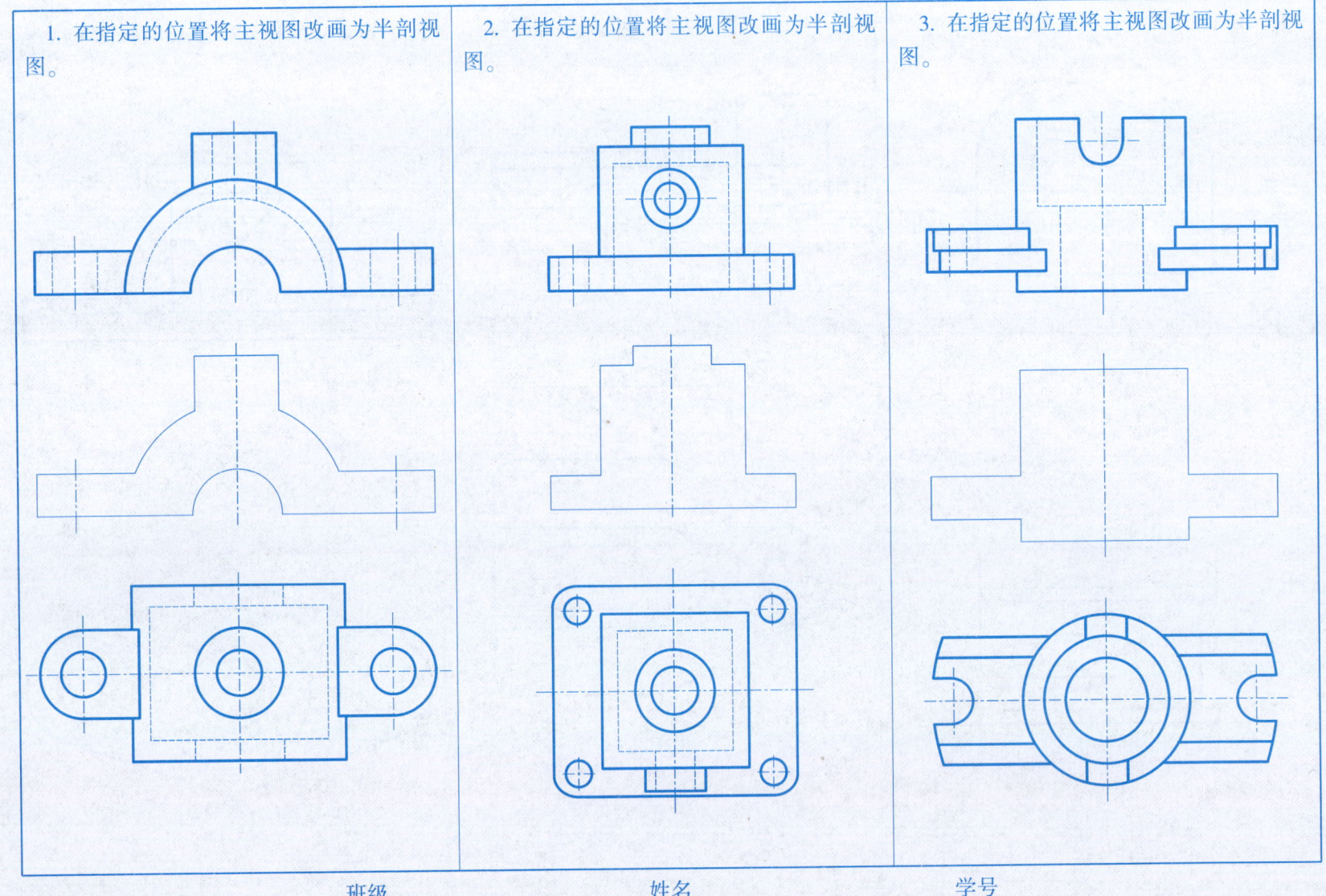

1. 在指定的位置将主视图改画为半剖视图。

2. 在指定的位置将主视图改画为半剖视图。

3. 在指定的位置将主视图改画为半剖视图。

班级　　　　　　　　　　姓名　　　　　　　　　　学号

— 60 —

7.12 半剖视图（二）

1. 在指定的位置将主视图画成半剖视图。

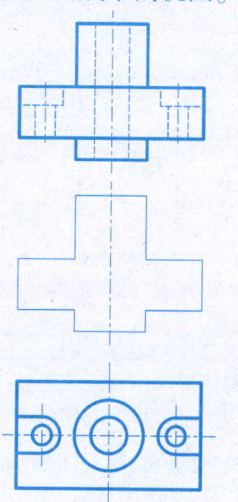

2. 在指定的位置补画半剖左视图。

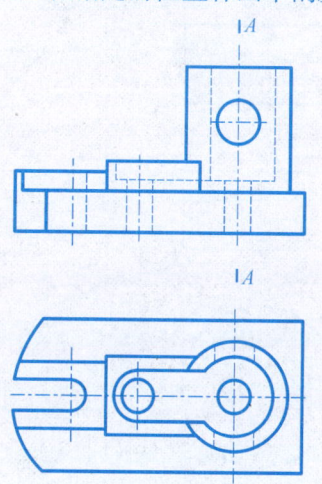

3. 在指定的位置将主视图、俯视图画成半剖视图。

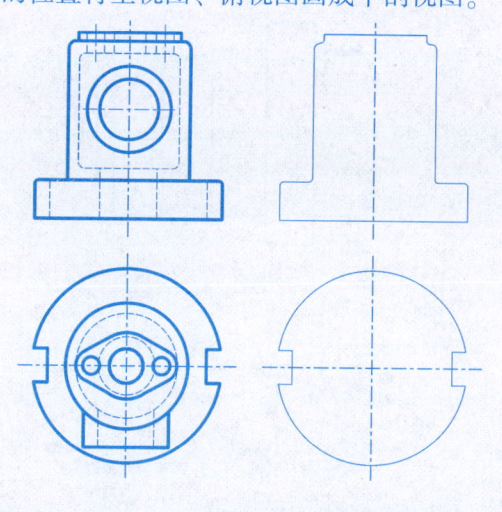

4. 在指定的位置将左视图画成半剖视图。

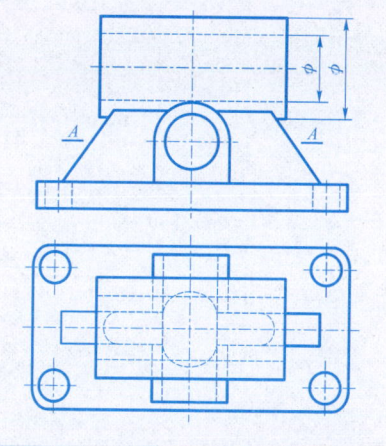

班级　　　　　　姓名　　　　　　学号

7.13 局部剖视图（一）

1. 将主视图改画成局部剖视图。

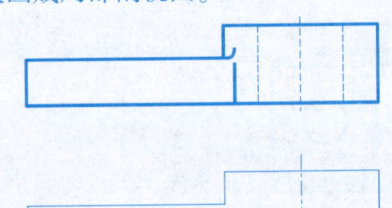

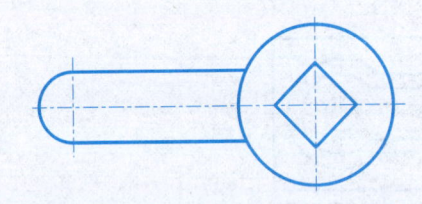

2. 将下图适当的位置改画成局部剖视图。

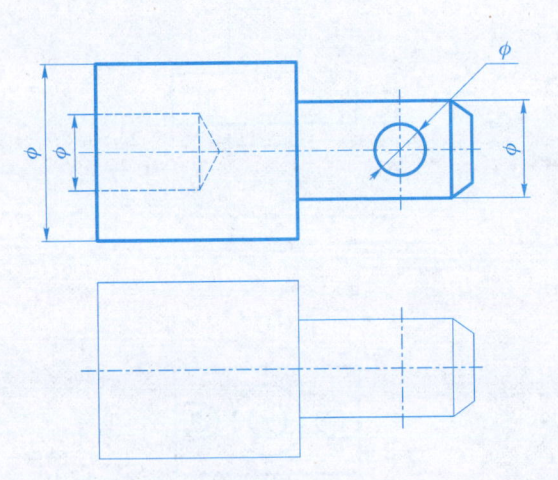

3. 分析剖视图中的错误，在指定位置画出正确的剖视图。

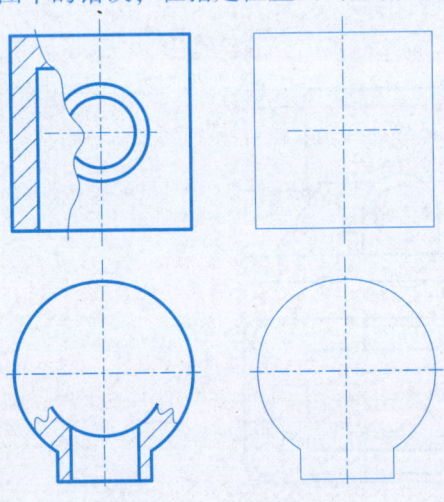

4. 分析剖视图中的错误，在指定位置画出正确的剖视图。

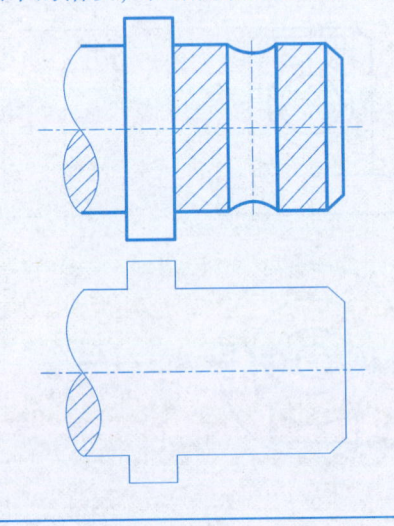

班级　　　　　姓名　　　　　学号

— 62 —

7.14 局部剖视图（二）

1. 将主、俯视图改画成局部剖视图。

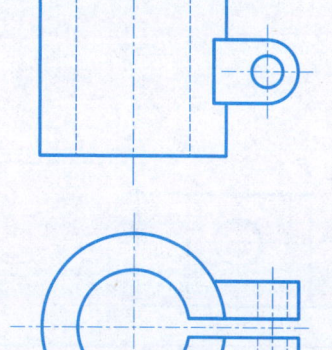

2. 将两个视图的适当位置改画成局部剖视图。

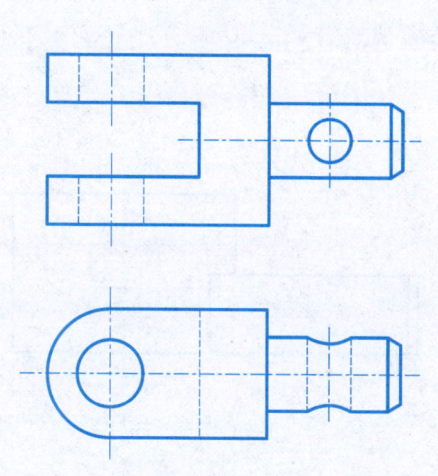

3. 将两个视图的适当位置改画成局部剖视图。

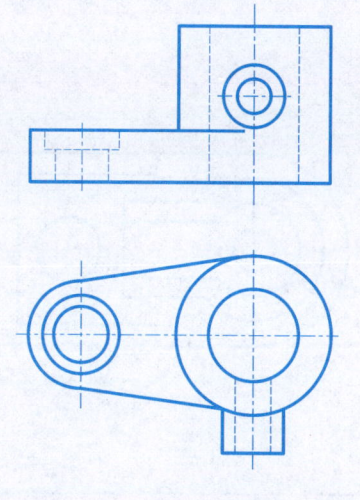

4. 将主、俯视图改画成局部剖视图。

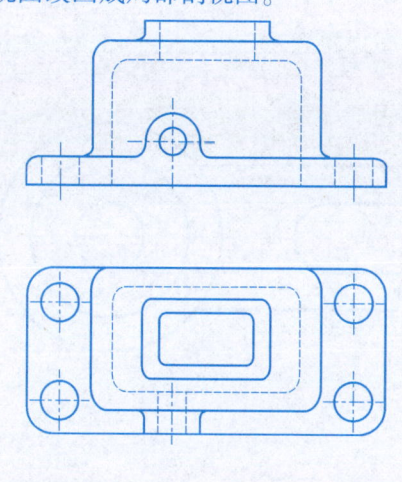

班级　　　　　姓名　　　　　学号

7.15 全剖视图 AutoCAD 练习

1. 打开 7.15 – 1. dwg，如图所示。在指定位置将主视图改画成全剖视图。(可参考视频 7.15 – 1. mp4)

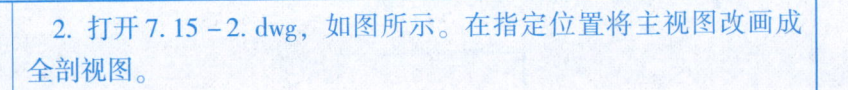

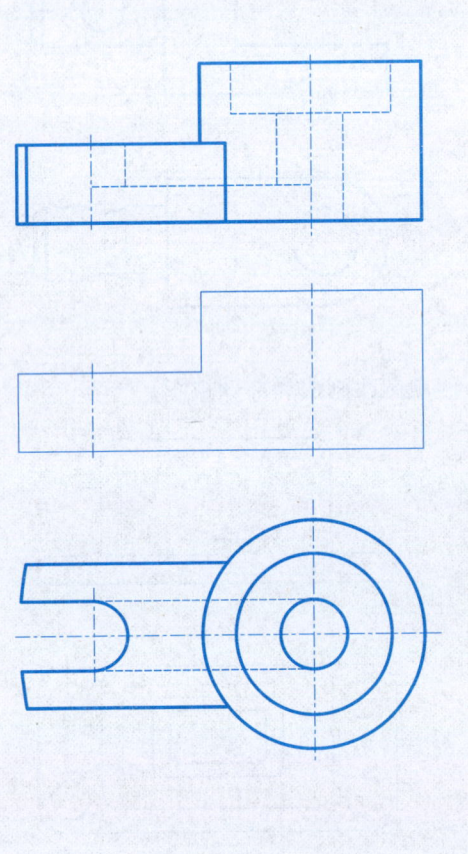

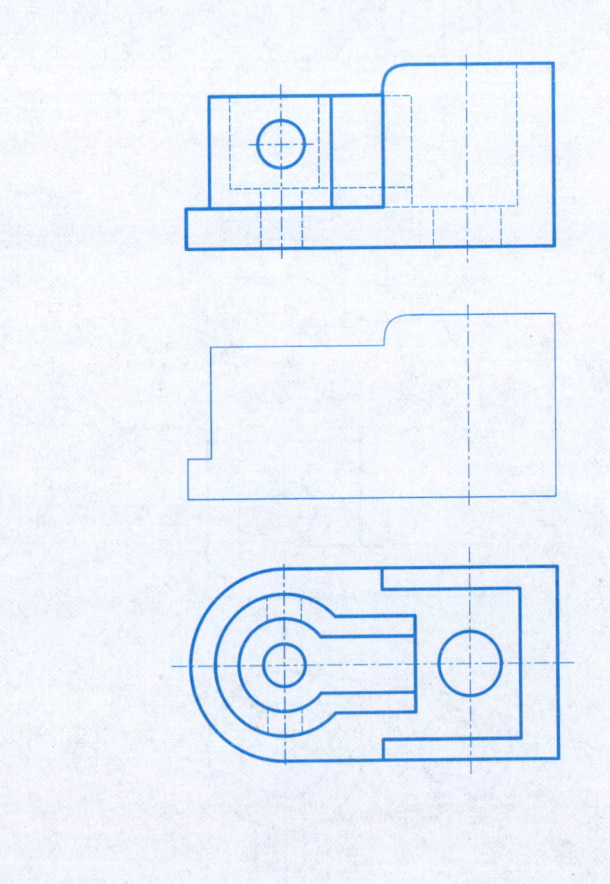

2. 打开 7.15 – 2. dwg，如图所示。在指定位置将主视图改画成全剖视图。

班级　　　　　　姓名　　　　　　学号

7.16 半剖视图 AutoCAD 练习

1. 打开 7.16 – 1.dwg，如图所示。创建机件的三维模型，并使用平面摄影命令把主视图改画成半剖视图。（可参考视频 7.16 – 1.mp4）

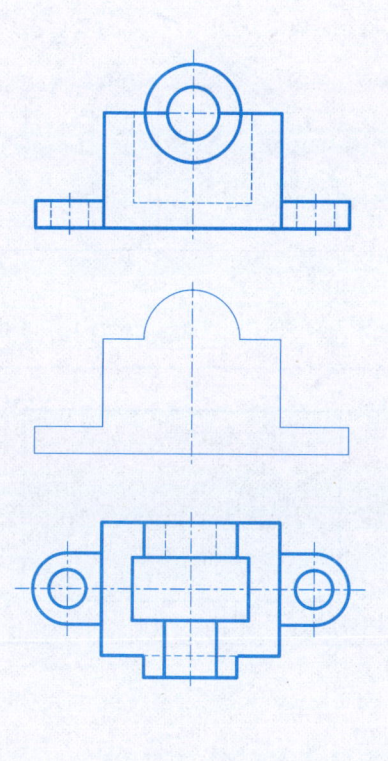

2. 打开 7.16 – 2.dwg，如图所示。创建机件的三维模型，并使用平面摄影命令把主视图改画成半剖视图，左视图画成全剖视图。

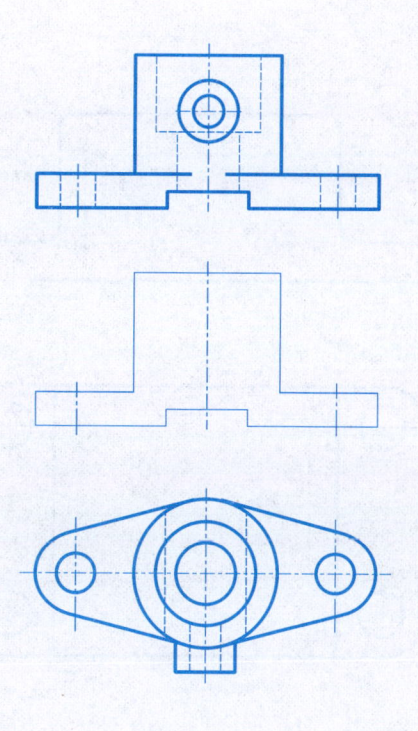

班级　　　　　　　　姓名　　　　　　　　学号

7.17 局部剖视图 AutoCAD 练习

1. 打开 7.17-1.dwg，如图所示。在指定位置将主视图改画成局部剖视图。（可参考视频 7.17-1.mp4）

2. 打开 7.17-2.dwg，如图所示。在指定位置将主视图改画成局部剖视图。

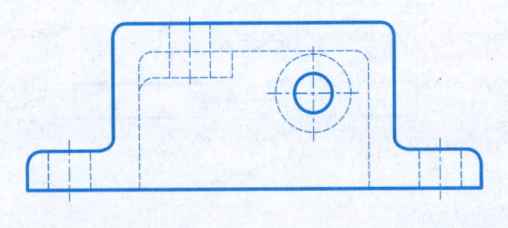

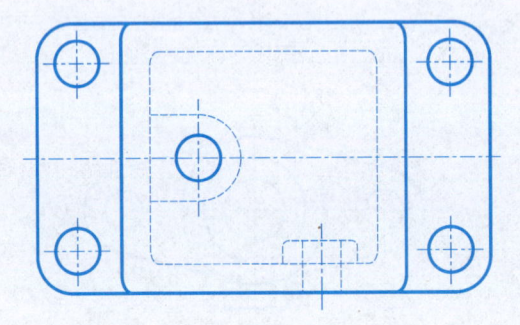

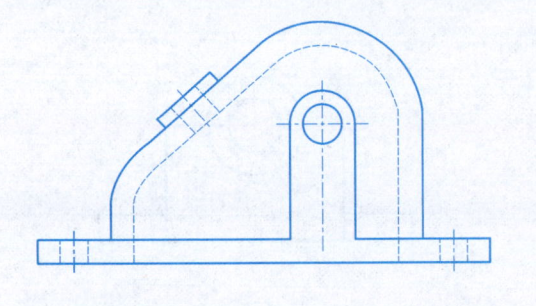

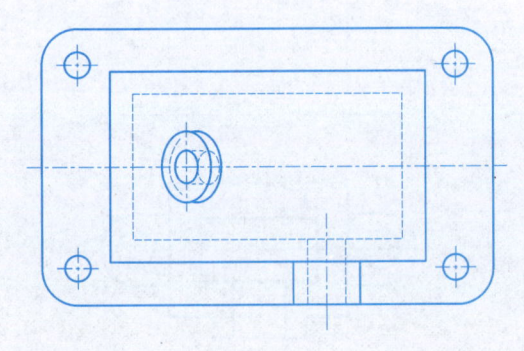

班级　　　　　姓名　　　　　学号

7.18 斜剖

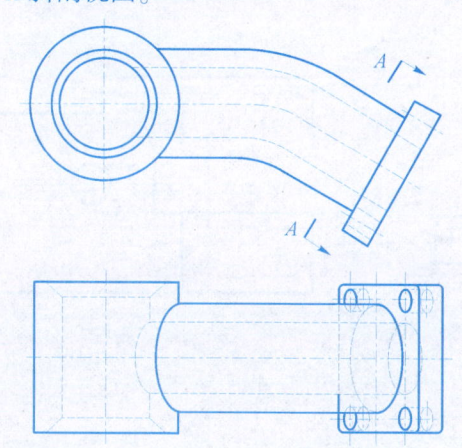

1. 画出 A-A 斜剖视图。

2. 画出 A-A 斜剖视图。

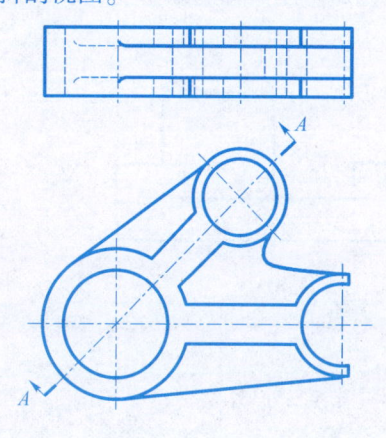

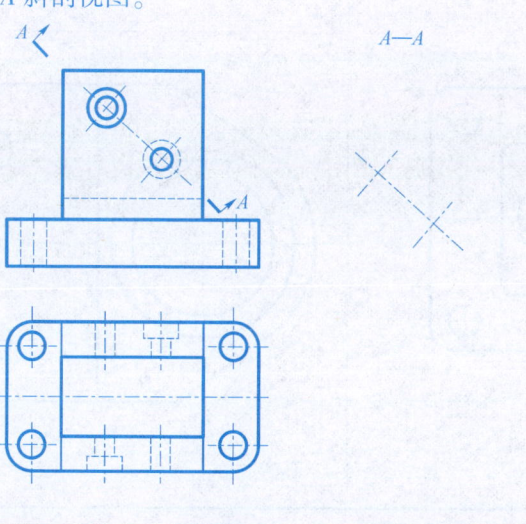

3. 画出 A-A 斜剖视图。

4. 画出 A-A、B-B 剖视图。

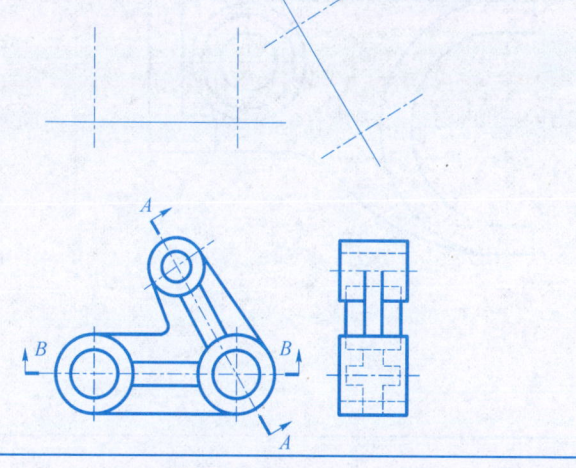

班级　　　　　　姓名　　　　　　学号

— 67 —

7.19 阶梯剖

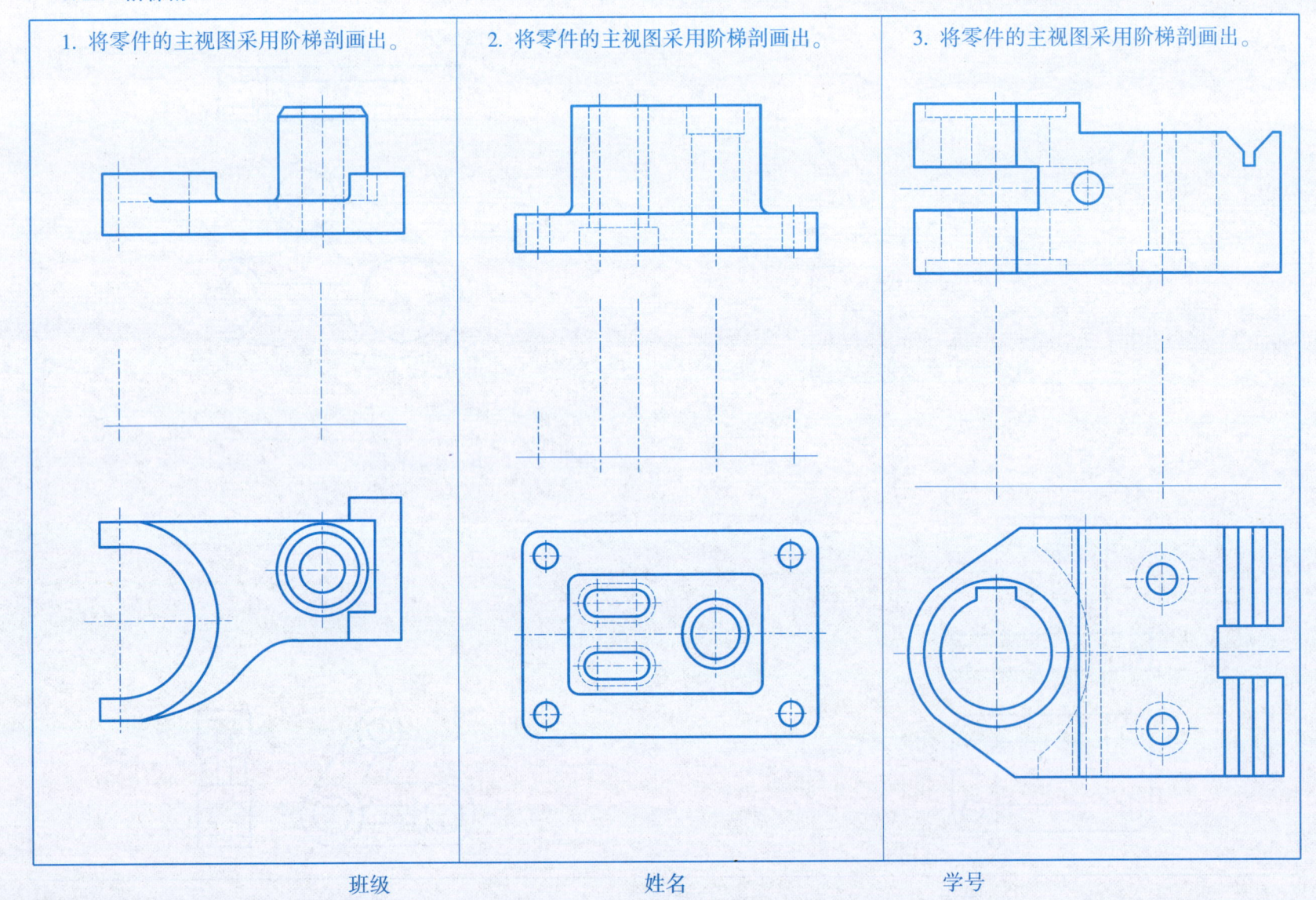

1. 将零件的主视图采用阶梯剖画出。

2. 将零件的主视图采用阶梯剖画出。

3. 将零件的主视图采用阶梯剖画出。

班级　　　　　　　　姓名　　　　　　　　学号

— 68 —

7.20 旋转剖

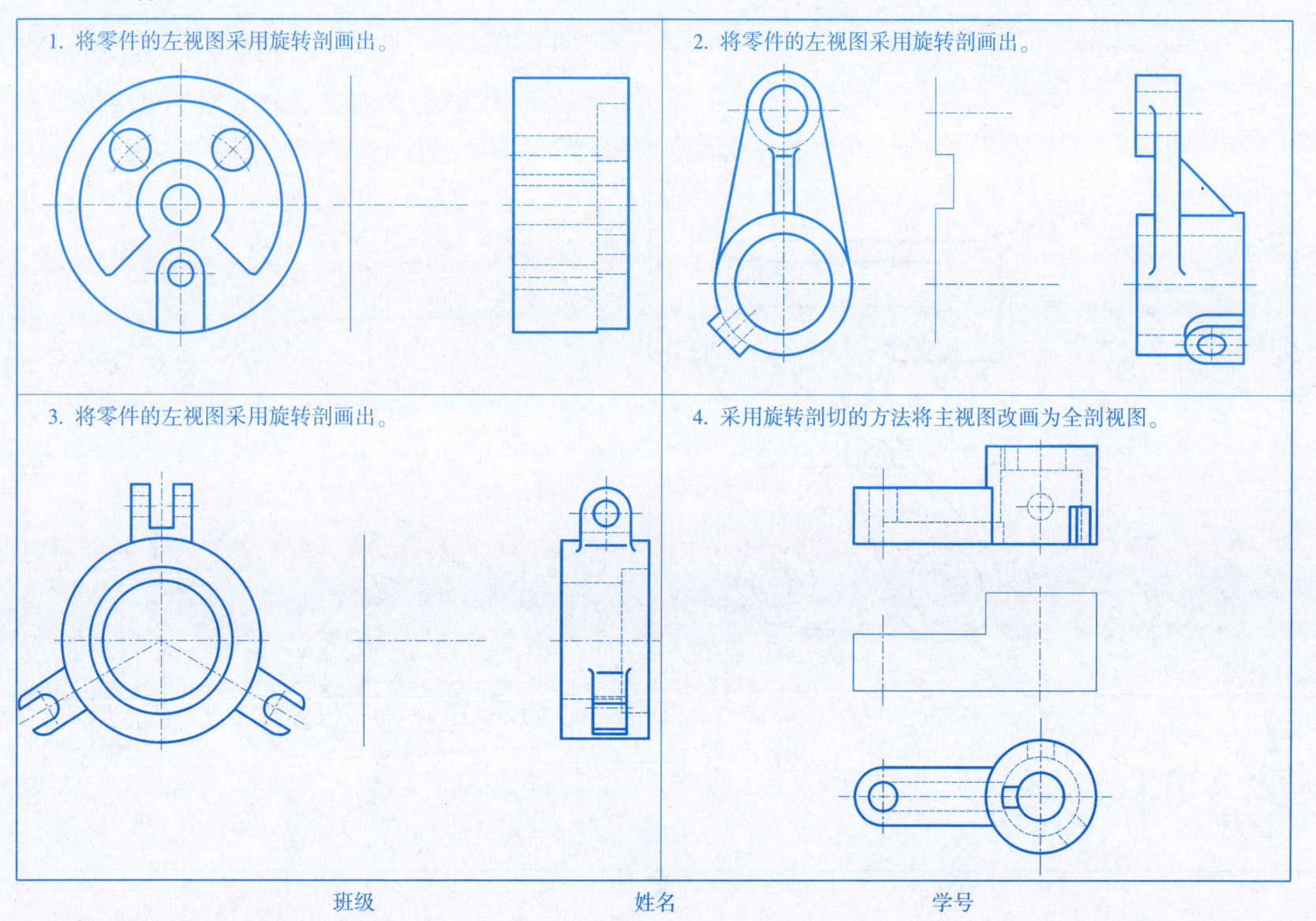

1. 将零件的左视图采用旋转剖画出。

2. 将零件的左视图采用旋转剖画出。

3. 将零件的左视图采用旋转剖画出。

4. 采用旋转剖切的方法将主视图改画为全剖视图。

班级　　　　　　　姓名　　　　　　　学号

7.21 斜剖 AutoCAD 练习

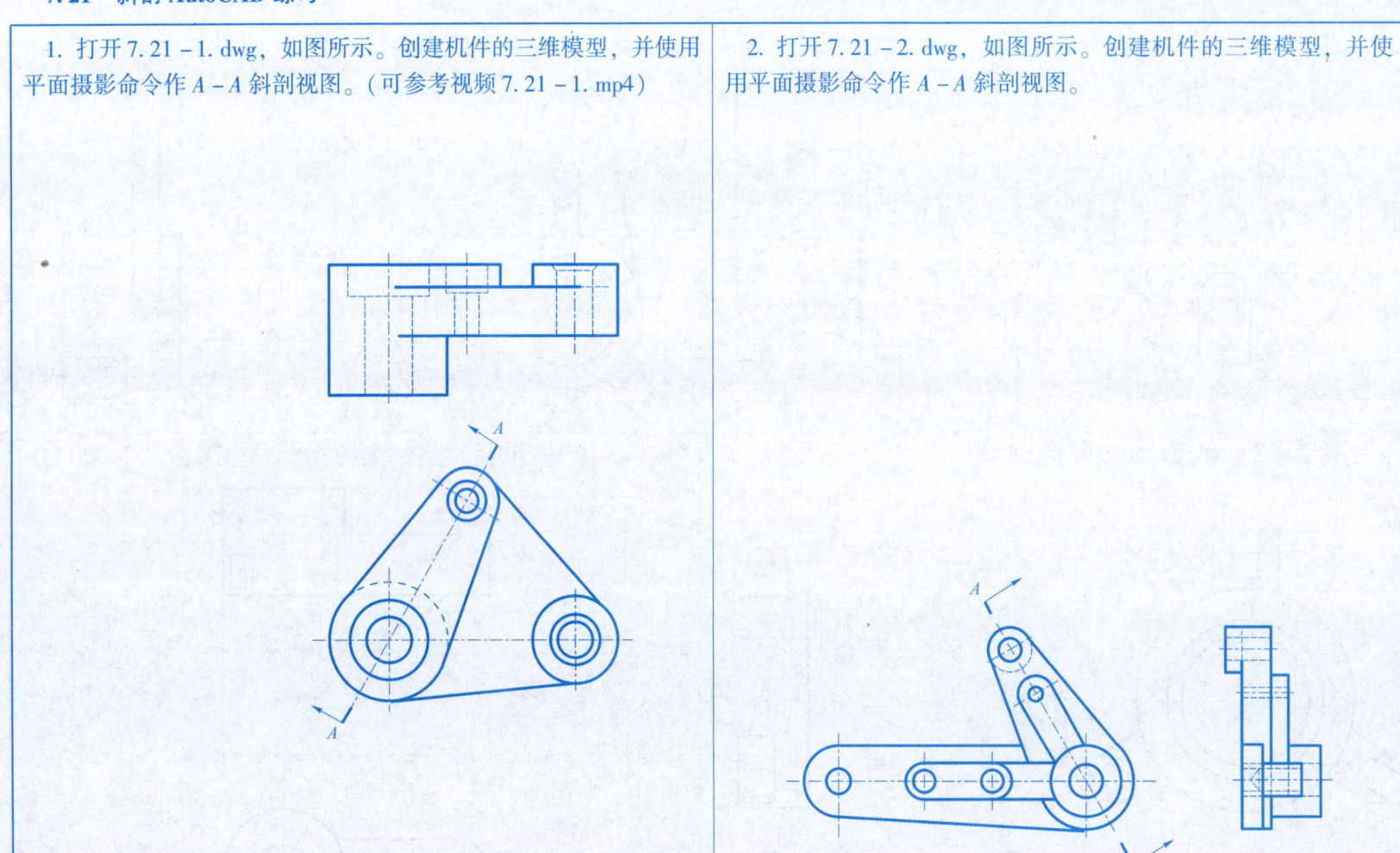

1. 打开 7.21 – 1. dwg，如图所示。创建机件的三维模型，并使用平面摄影命令作 A – A 斜剖视图。（可参考视频 7.21 – 1. mp4）

2. 打开 7.21 – 2. dwg，如图所示。创建机件的三维模型，并使用平面摄影命令作 A – A 斜剖视图。

班级　　　　　　　姓名　　　　　　　学号

7.22　阶梯剖 AutoCAD 练习

1. 打开 7.22－1. dwg，如图所示。在指定位置将主视图改画成阶梯剖视图。(可参考视频 7.22－1. mp4)。

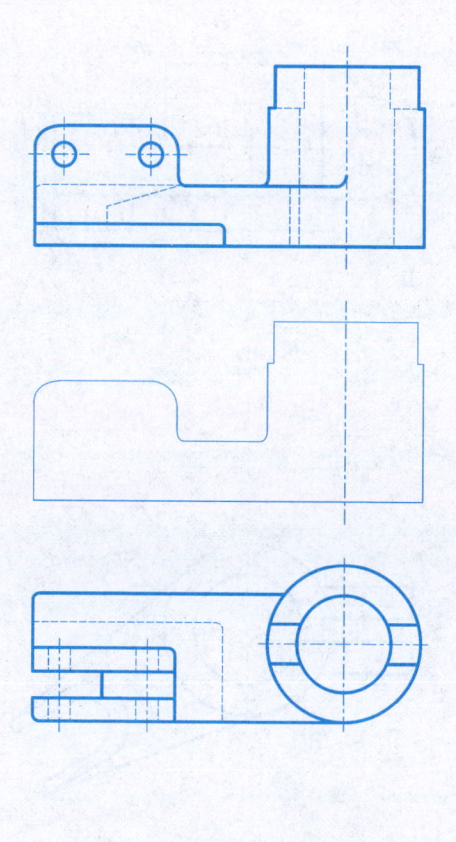

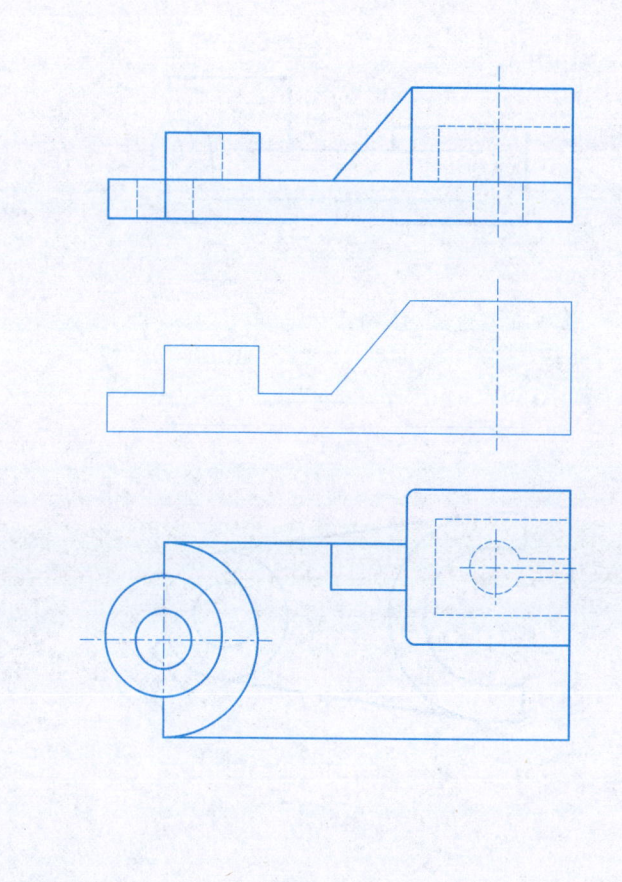

2. 打开 7.22－2. dwg，如图所示。在指定位置将主视图改画成阶梯剖视图。

班级　　　　　　姓名　　　　　　学号

— 71 —

7.23 旋转剖 AutoCAD 练习

1. 打开 7.23 – 1.dwg，如图所示。在指定位置将主视图改画成旋转剖视图。（可参考视频 7.23 – 1.mp4）

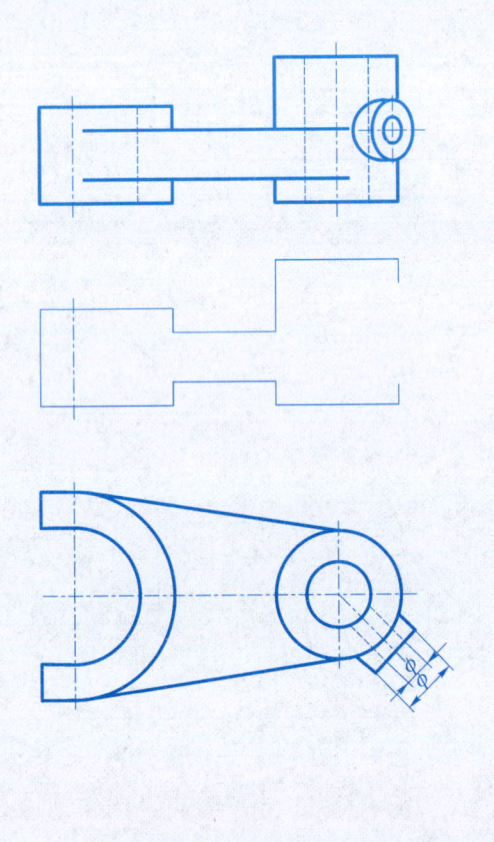

2. 打开 7.23 – 2.dwg，如图所示。在指定位置将主视图改画成旋转剖视图。

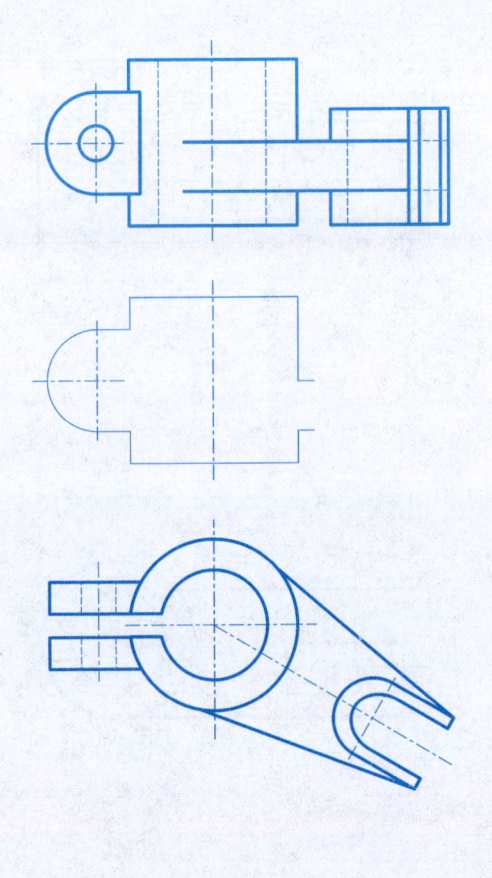

班级　　　　　　　姓名　　　　　　　学号

7.24 移出断面图

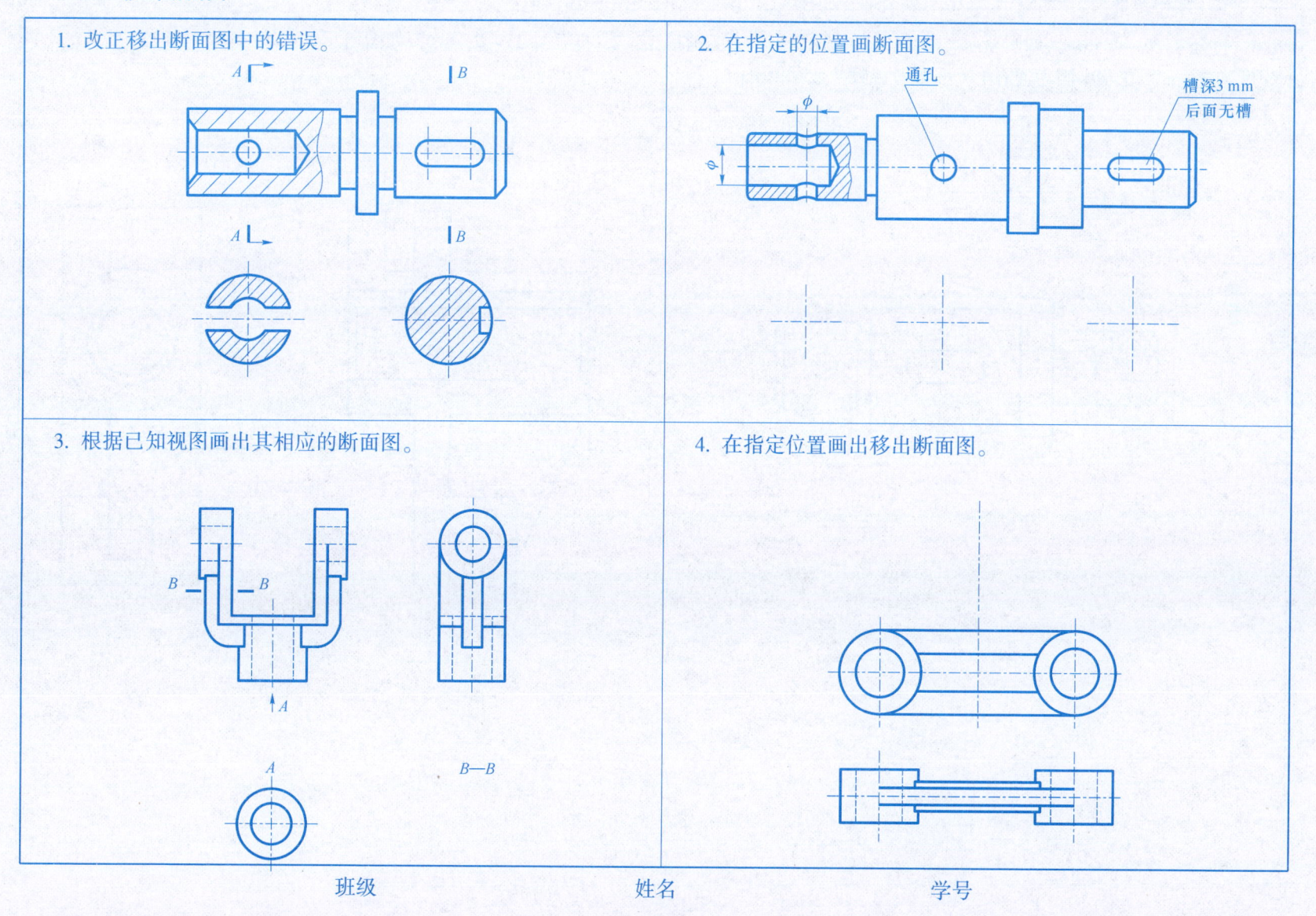

1. 改正移出断面图中的错误。

2. 在指定的位置画断面图。
   通孔
   槽深3 mm
   后面无槽

3. 根据已知视图画出其相应的断面图。

   B—B

4. 在指定位置画出移出断面图。

班级　　　　　　姓名　　　　　　学号

— 73 —

7.25 移出断面图 AutoCAD 练习

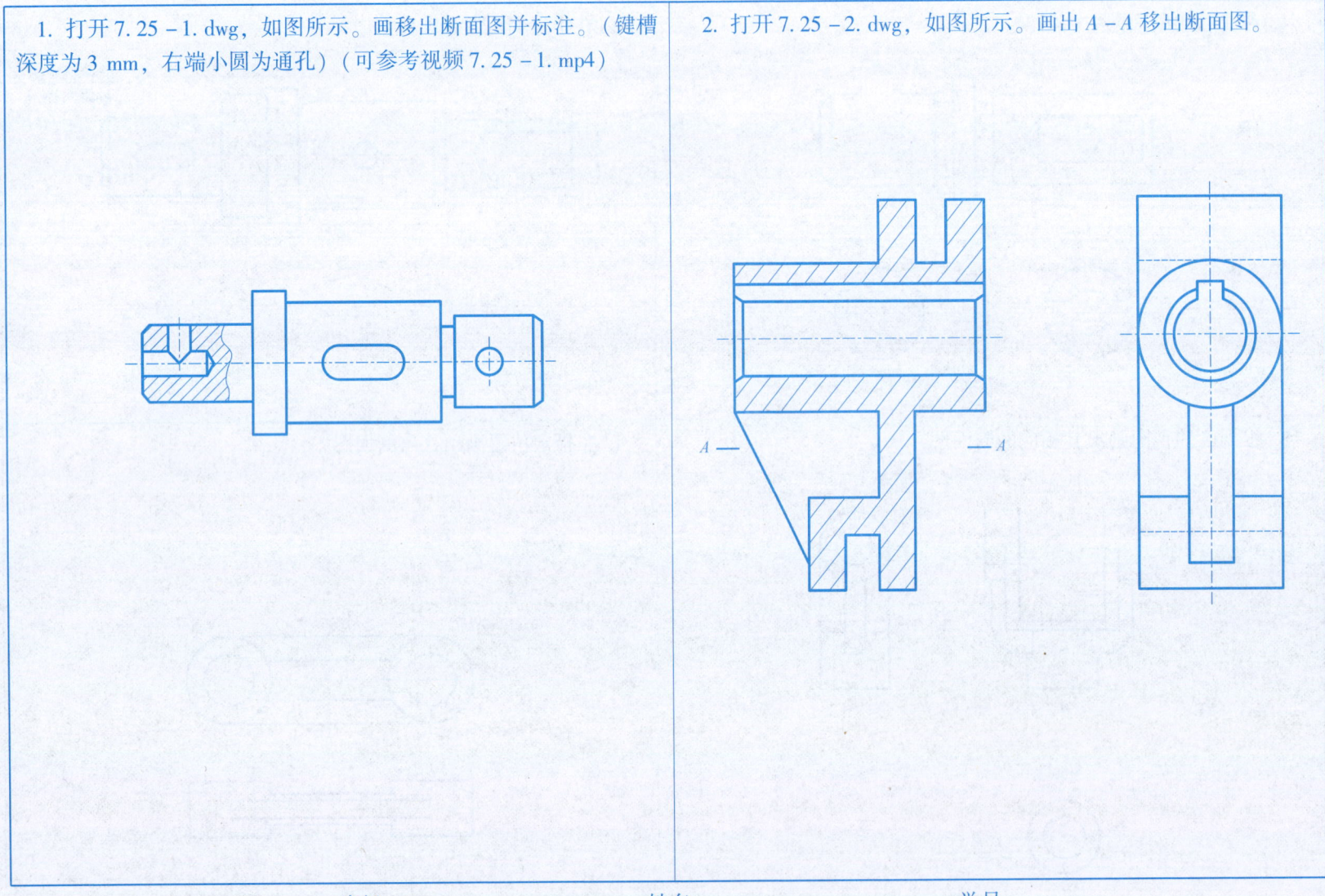

1. 打开 7.25 – 1. dwg，如图所示。画移出断面图并标注。（键槽深度为 3 mm，右端小圆为通孔）（可参考视频 7.25 – 1. mp4）

2. 打开 7.25 – 2. dwg，如图所示。画出 A – A 移出断面图。

班级　　　　　　姓名　　　　　　学号

7.26 重合断面图 AutoCAD 练习

1. 打开 7.26 – 1.dwg，如图所示。在指定位置画重合断面图。（可参考视频 7.26 – 1.mp4）

2. 打开 7.26 – 2.dwg，如图所示。在指定位置画重合断面图。

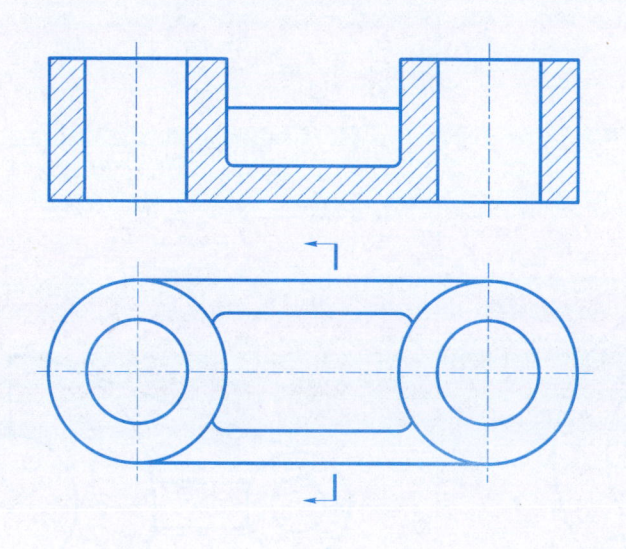

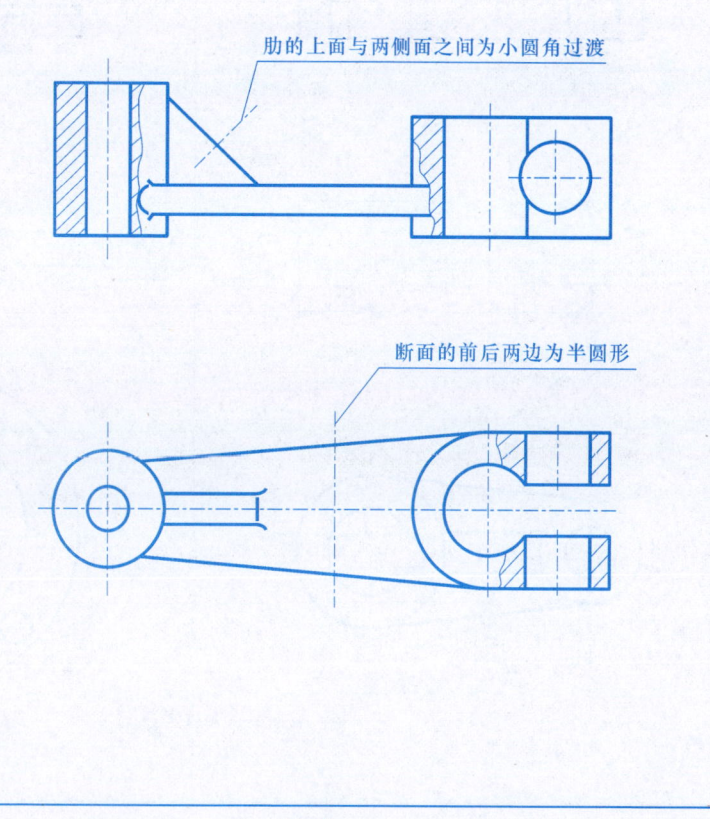

肋的上面与两侧面之间为小圆角过渡

断面的前后两边为半圆形

班级　　　　　　姓名　　　　　　学号

— 75 —

7.27 改正图中的错误，画出正确的剖视图

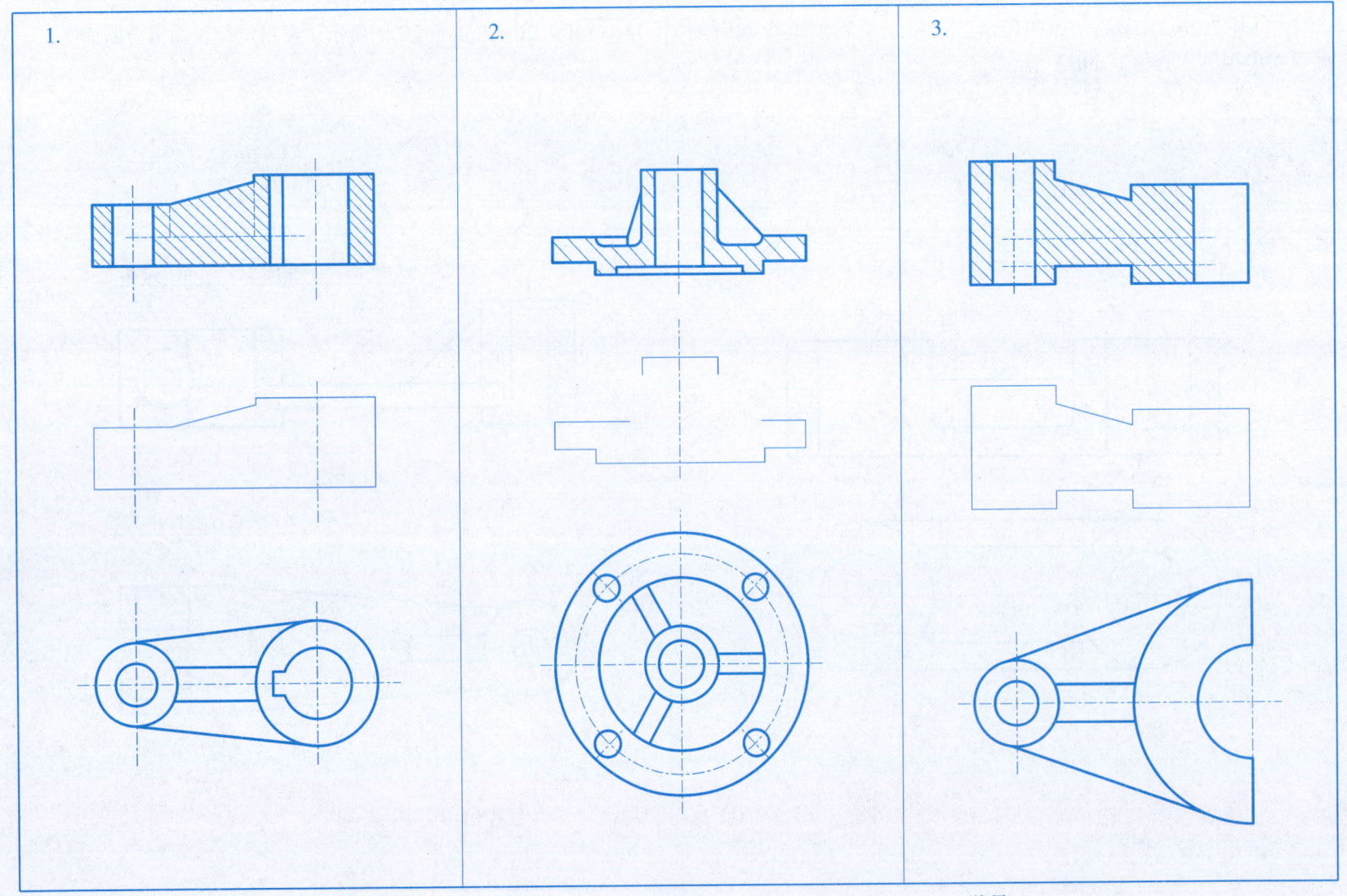

1.

2.

3.

班级　　　　　　　姓名　　　　　　　学号

模块 8　标准件与常用件

8.1　螺纹的画法

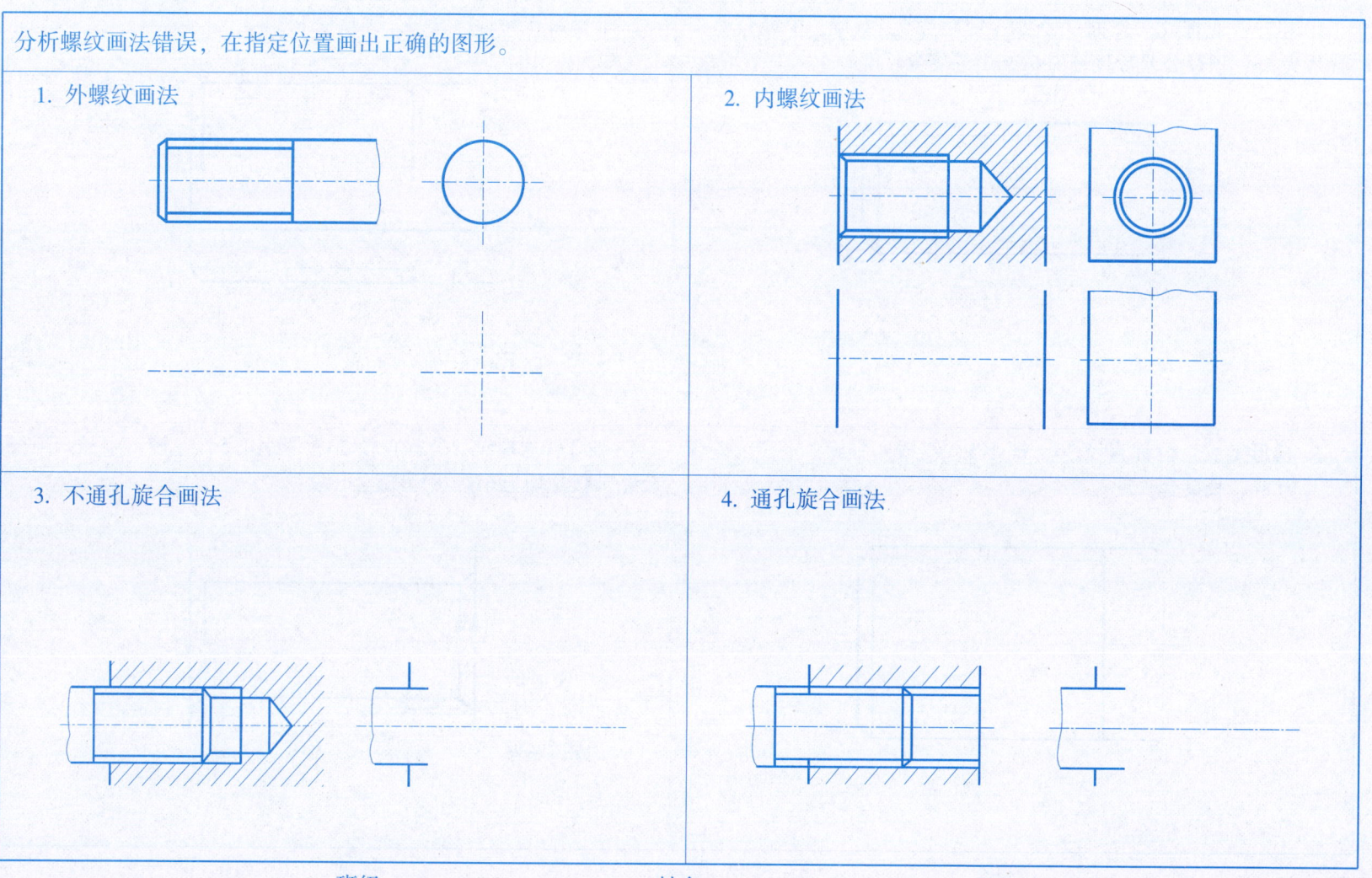

分析螺纹画法错误，在指定位置画出正确的图形。

1. 外螺纹画法

2. 内螺纹画法

3. 不通孔旋合画法

4. 通孔旋合画法

班级　　　　　姓名　　　　　学号

8.2 螺纹的标注

根据给定的螺纹要素，在图中进行标注。

1. 粗牙普通螺纹，公称直径20，螺距2.5，右旋，中径公差带代号为5g，顶径公差带代号为6g，中等旋合长度。

2. 非螺纹密封管螺纹，公称直径1/2。

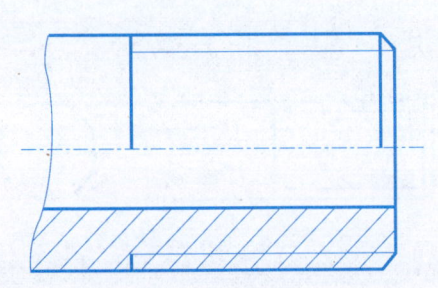

3. 梯形螺纹，公称直径30，螺距5，双线，右旋，中径公差带代号为8e，长旋合长度。

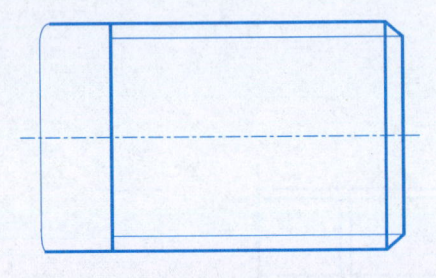

4. 细牙普通螺纹，公称直径20，螺距1.5，左旋，中径、顶径公差带代号均为6H，中等旋合长度。

班级　　　　　姓名　　　　　学号

8.3 螺纹代号、螺纹连接件标记

1. 将下列螺纹代号的意义，填写在表格中。

代号＼项目	螺纹种类	大径	螺距	旋向	公差带代号 中径	公差带代号 顶径
M24-5g6g						
M16×1LH-7H						
G1$\frac{1}{2}$-LH						
Tr36×（p3）-7H						

2. 查表：填写螺栓、螺母、垫圈的尺寸，并写出规定标记。

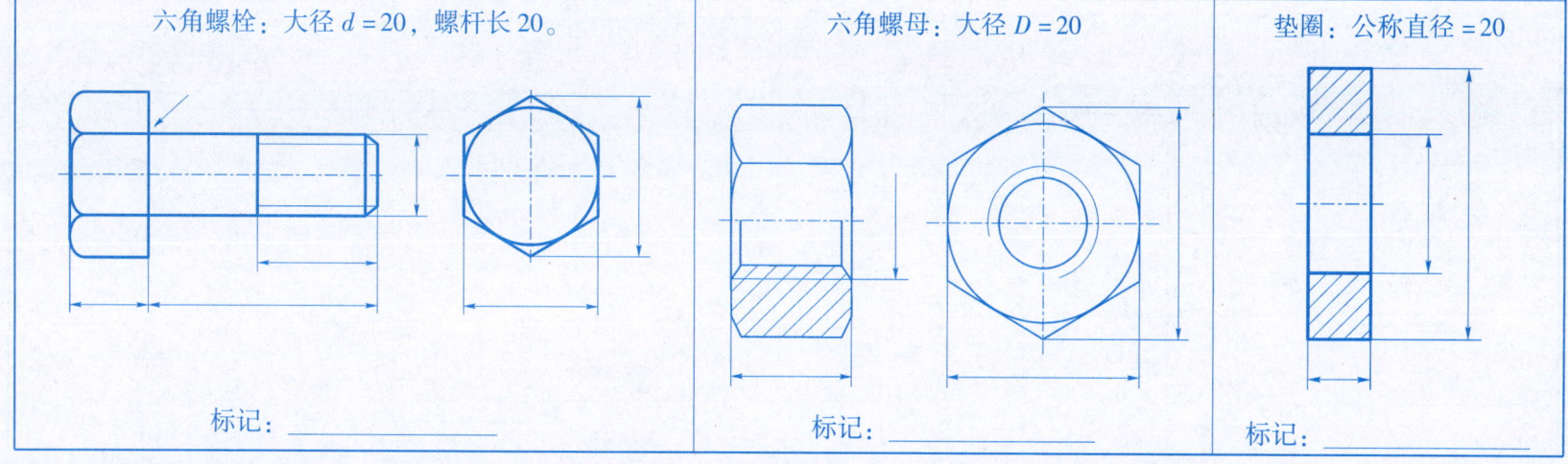

六角螺栓：大径 $d=20$，螺杆长 20。

标记：_____

六角螺母：大径 $D=20$

标记：_____

垫圈：公称直径 =20

标记：_____

班级　　　　　姓名　　　　　学号

8.4 紧固件连接画法

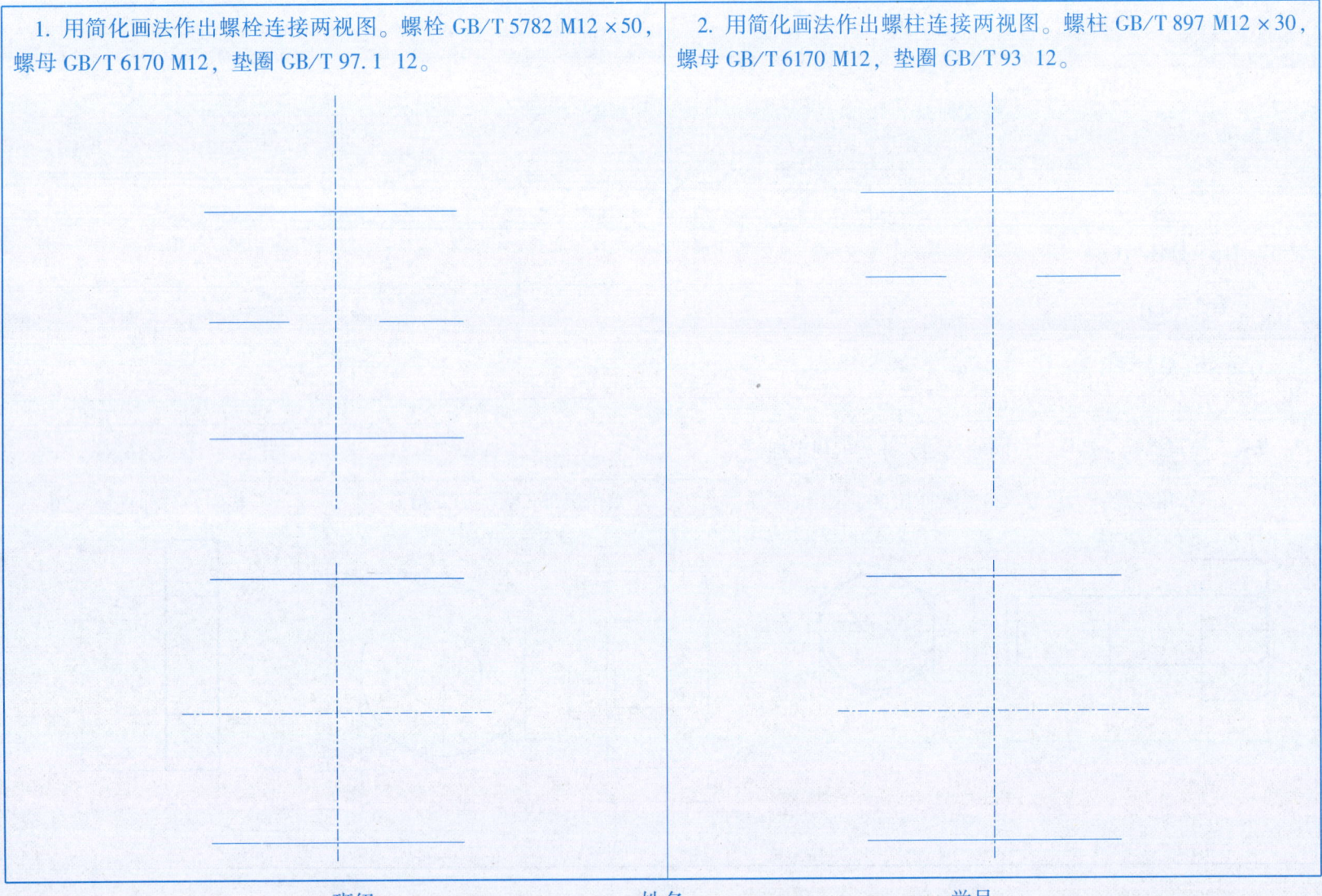

1. 用简化画法作出螺栓连接两视图。螺栓 GB/T 5782 M12×50，螺母 GB/T 6170 M12，垫圈 GB/T 97.1 12。

2. 用简化画法作出螺柱连接两视图。螺柱 GB/T 897 M12×30，螺母 GB/T 6170 M12，垫圈 GB/T 93 12。

班级　　　　　　姓名　　　　　　学号

8.5 螺纹紧固件 AutoCAD 练习

1. 新建文件，用简化画法完成螺栓 GB/T 5782 M12×80 的主视图。（可参考视频 8.5 – 1. mp4）	2. 新建文件，用简化画法完成螺柱 GB/T 899 M12×50 的主视图。
3. 新建文件，用简化画法完成螺母 GB/T 6170 M12 的两视图。（可参考视频 8.5 – 3. mp4）	4. 新建文件，用简化画法完成垫圈 GB/T 97.1 12 的两视图。

班级　　　　　姓名　　　　　学号

8.6 螺纹紧固件连接 AutoCAD 练习

1. 新建文件，按下图所示两零件的尺寸，用 8.5 – 1、8.5 – 3、8.5 – 4 螺纹紧固件，完成螺栓连接图的主视图和俯视图。（可参考视频 8.6 – 1. mp4）

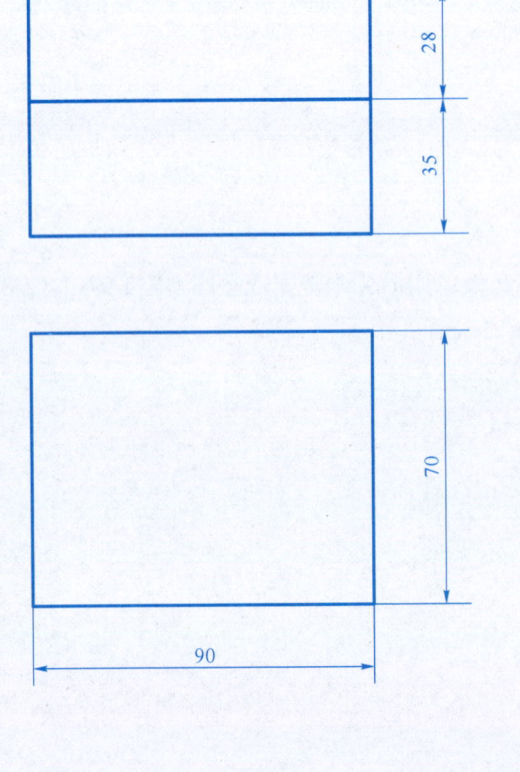

2. 新建文件，按下图所示两零件的尺寸，用 8.5 – 2、8.5 – 3、8.5 – 4 螺纹紧固件，完成螺柱连接图的主视图和俯视图。

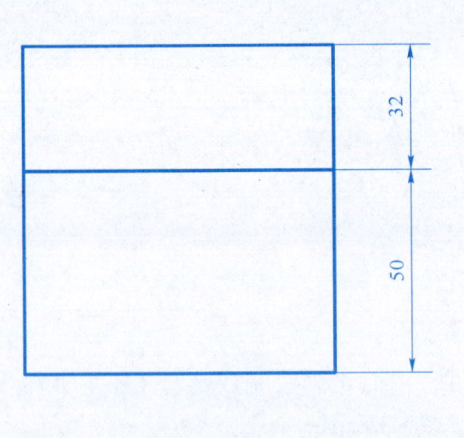

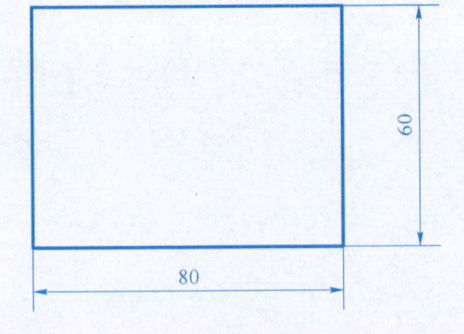

班级　　　　　　　　姓名　　　　　　　　学号

8.7 齿轮画法（一）

已知直齿圆柱齿轮 $m=3$，$z=26$，计算该齿轮的分度圆、齿顶圆和齿根圆的直径，用 1：1 的比例完成下列两视图，并标注尺寸。（倒角 $C1.5$）

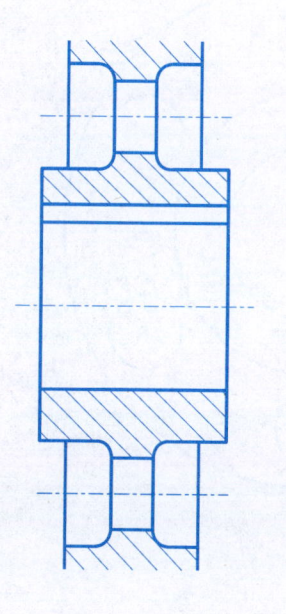

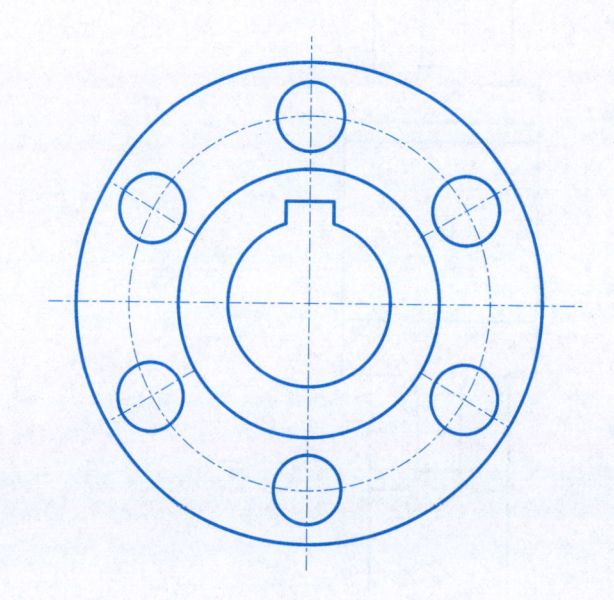

| 班级 | 姓名 | 学号 |

8.8 齿轮画法（二）

根据已知两啮合齿轮的视图，完成左视图轮齿部分的图形和主视图啮合区的图形。

班级　　　姓名　　　学号

— 84 —

8.9 齿轮画法（三）

已知圆锥齿轮的模数，$m=4$，$z=25$，节角 $\delta=45°$，两轴夹角为 $90°$，按 1：1 的比例完成锥齿轮两视图。

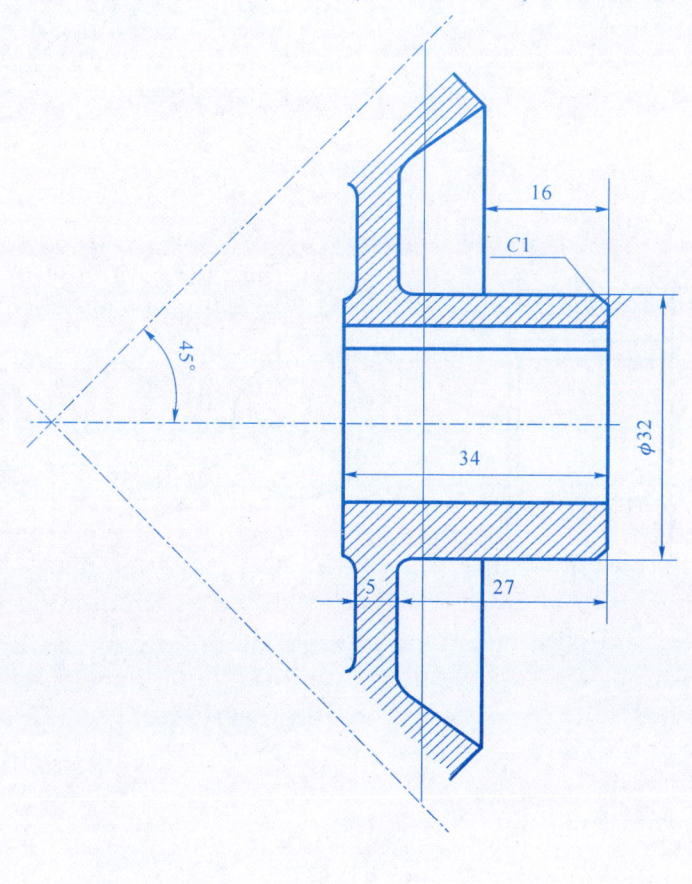

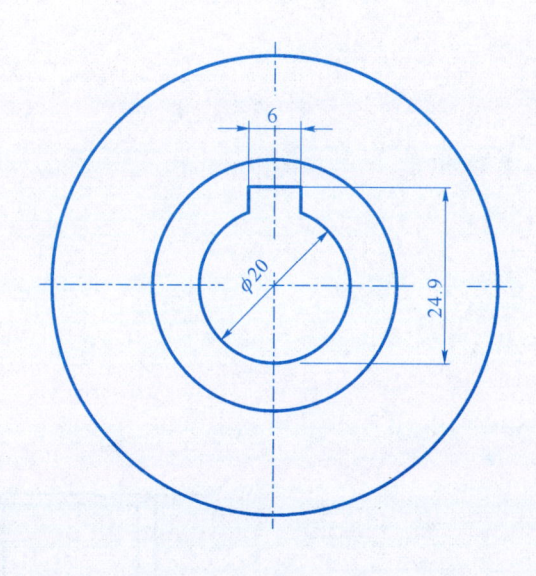

一对直齿圆锥齿轮啮合，$m=3$，$z_1=z_2=23$，两轴夹角为 90°，按 1：1 的比例画出啮合图。

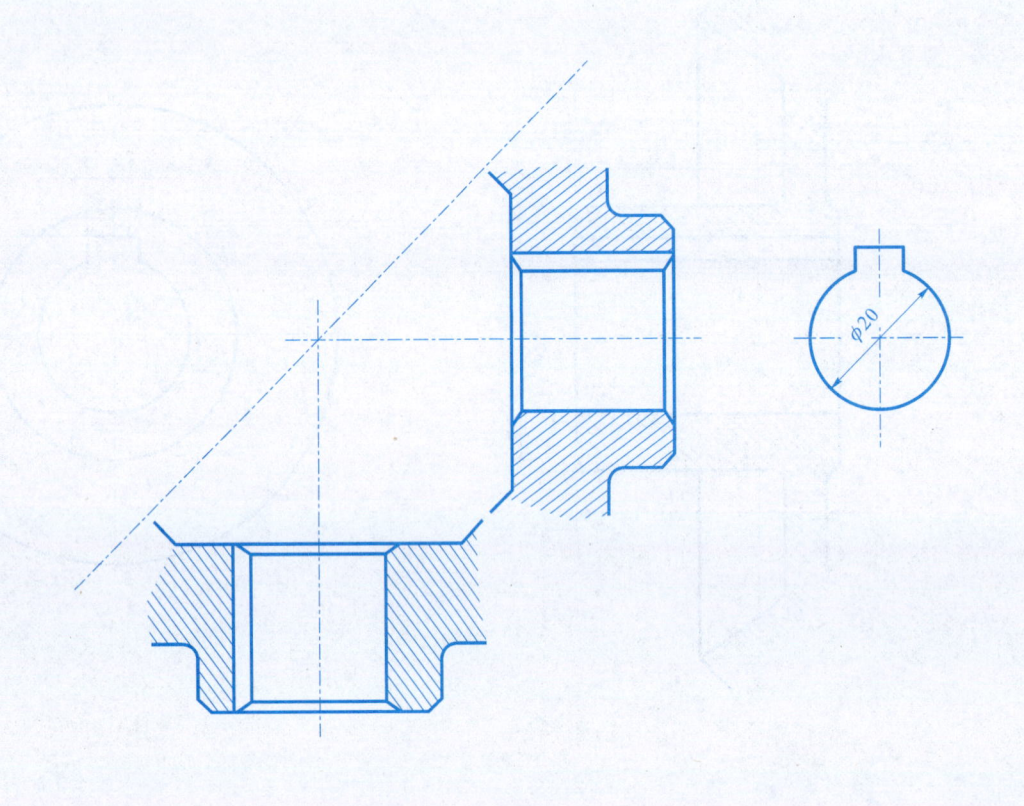

8.10 键、销连接

1. 已知轴径 16 mm，键长 16 mm，用 A 型普通平键连接。查表确定轴、轮毂键槽的尺寸及公差，完成下图，并标注有关尺寸。

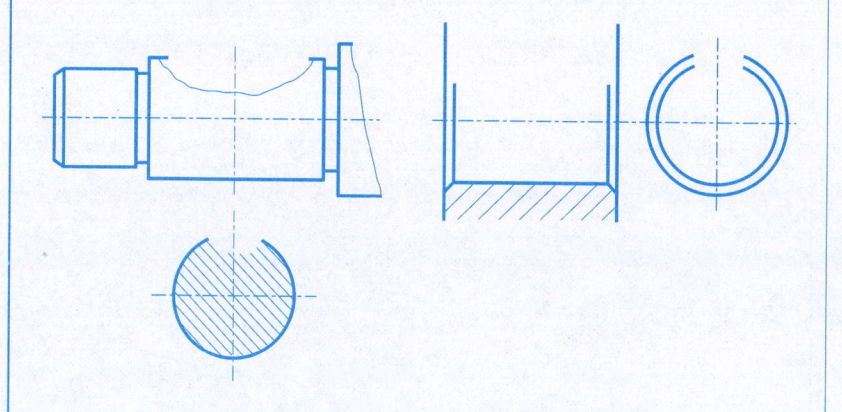

2. 根据 8.10-1，完成键的连接图。（未知尺寸，在图中测绘）

3. 画出 $d=5$，A 型圆锥销连接图，并写出其标记。

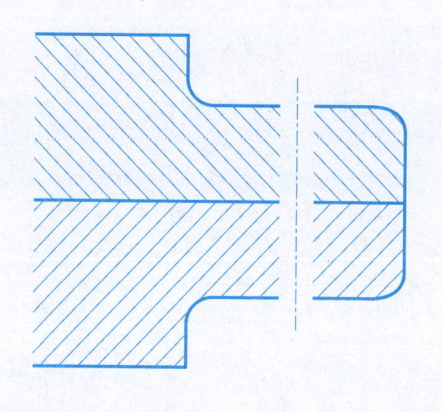

4. 画出 $d=5$，A 型圆柱销连接图，并写出其标记。

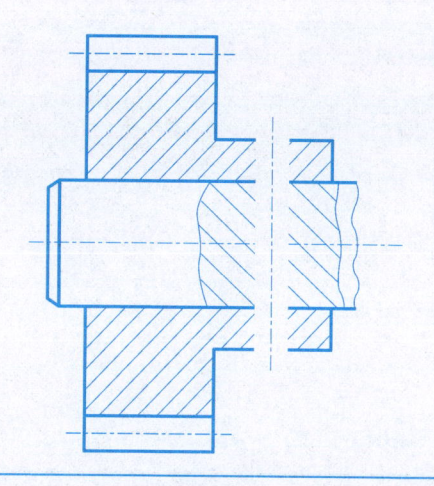

| 班级 | 姓名 | 学号 |

8.11 轴承、弹簧画法

1. 已知滚动轴承 6306 GB/T 276—1994，查表确定其尺寸，并用规定画法完成其轴向视图。

2. 已知圆柱螺旋压缩弹簧的簧丝直径 $d = 5$ mm，弹簧外径 $D = 43$ mm，节距 $t = 10$ mm，有效圈数 $n = 8$，支承圈 $n_2 = 2.5$。自由高度 $H_0 = 90$ mm，试画出弹簧的剖视图。

班级　　　姓名　　　学号

模块 9　零件图

9.1　零件图视图选择 AutoCAD 练习

1. 打开 9.1-1.dwg，如图所示，根据三维模型，用平面摄影命令完成适当的视图选择。（可参考视频 9.1-1.mp4）

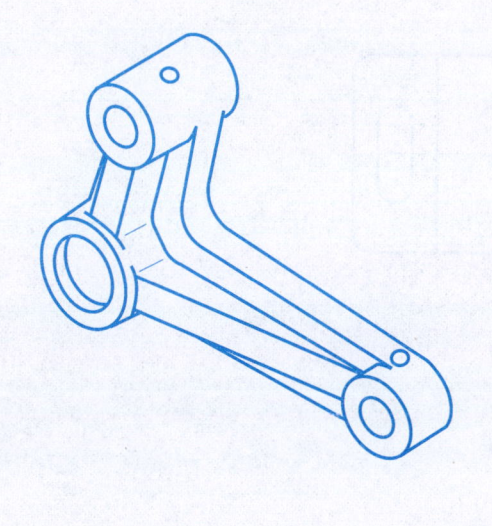

2. 打开 9.1-2.dwg，如图所示，根据三维模型，用平面摄影命令完成适当的视图选择。（可参考视频 9.1-2.mp4）

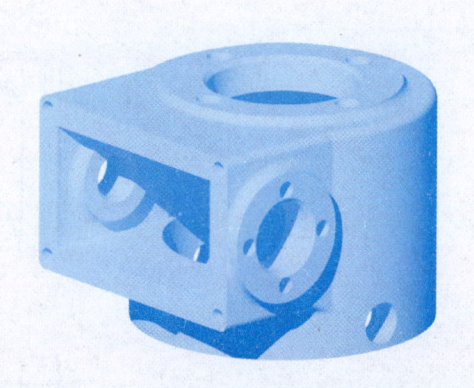

班级　　　　　　姓名　　　　　　学号

9.2 零件图尺寸标注 AutoCAD 练习

1. 打开 9.2.dwg，如图所示，分析零件的视图，完成零件图的尺寸标注。（可参考视频 9.2.mp4）

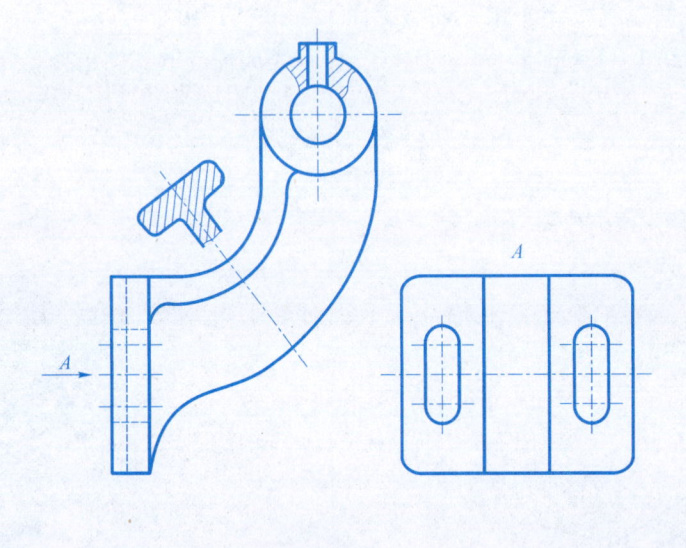

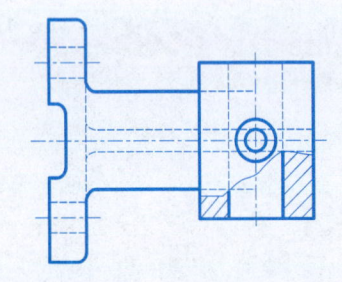

班级　　　　　　姓名　　　　　　学号

9.3 表面粗糙度标注

1. 标注出零件中两圆柱面（Ra 为 1.6 μm），孔的表面（Ra 为 0.8 μm），其余表面（Ra 为 6.3 μm）的表面粗糙度。

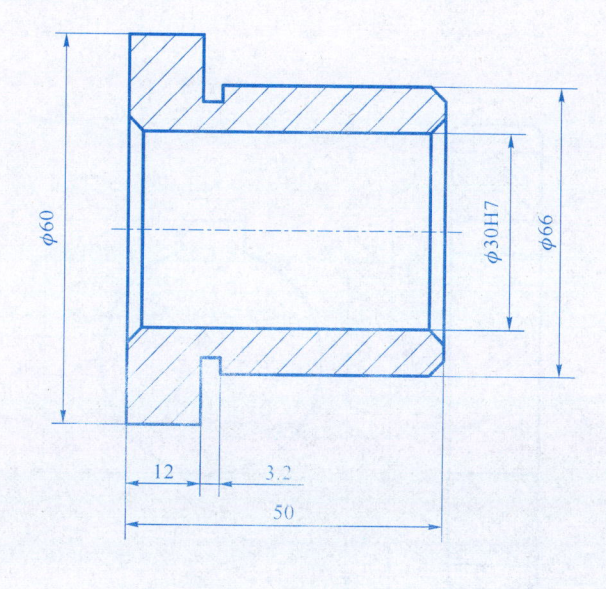

2. 标注出零件中孔和底面（Ra 为 3.2 μm），其余表面（均为铸造表面）的表面粗糙度。

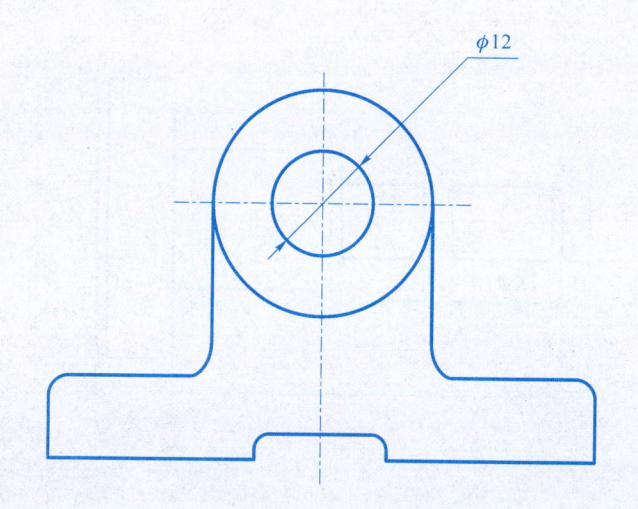

班级　　　　　姓名　　　　　学号

9.4 表面粗糙度标注 AutoCAD 练习

1. 打开文件 9.4 – 1.dwg，如图所示，标注出零件中螺纹（Ra 为 3.2μm），ϕ11h9 和 ϕ20f7 圆柱面（Ra 为 1.6μm），其余（Ra 为 12.5μm）的表面粗糙度。（可参考视频 9.4 – 1.mp4）

2. 打开文件 9.4 – 2.dwg，如图所示，标注出齿轮零件图中轮齿齿侧工作表面（Ra 为 0.8μm），键槽双侧（Ra 为 3.2μm），槽底（Ra 为 6.3μm），孔和两端面（Ra 为 3.2μm），其余（Ra 为 12.5μm）的表面粗糙度。

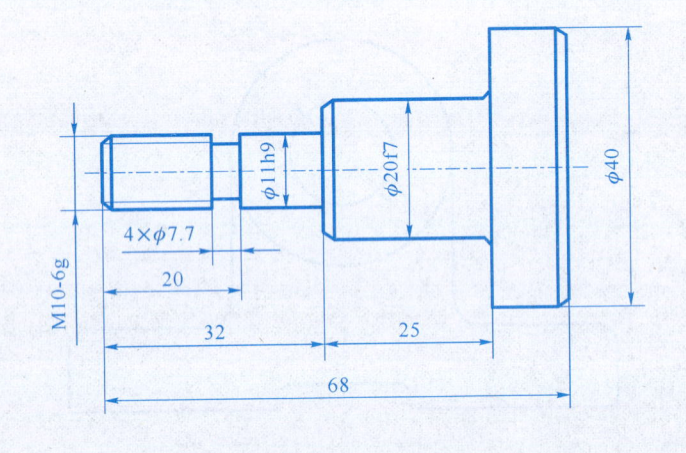

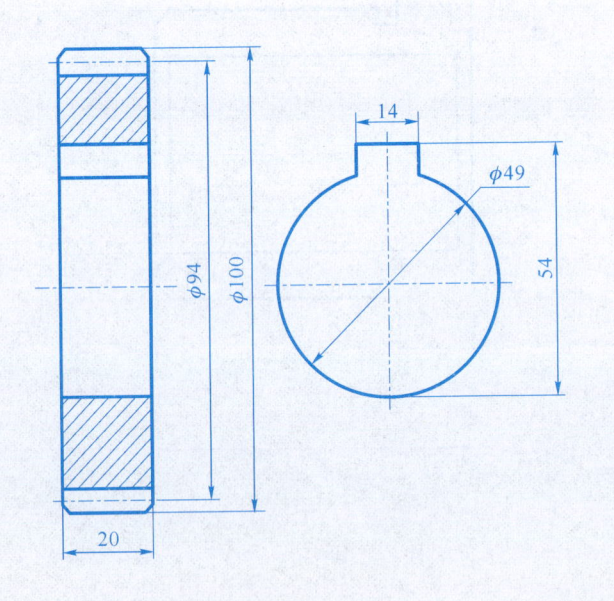

班级　　　　　　　姓名　　　　　　　学号

9.5 极限与配合（一）

1. 根据装配图中的尺寸和配合代号，通过查表填空，并标注出各零件的尺寸和偏差值。

   填空：

   （1）$\phi 34 \dfrac{H7}{k6}$：公差带代号：孔____，轴____；基____制，____配合。

   （2）$\phi 26 \dfrac{H7}{f6}$：公差带代号：孔____，轴____；基____制，____配合。

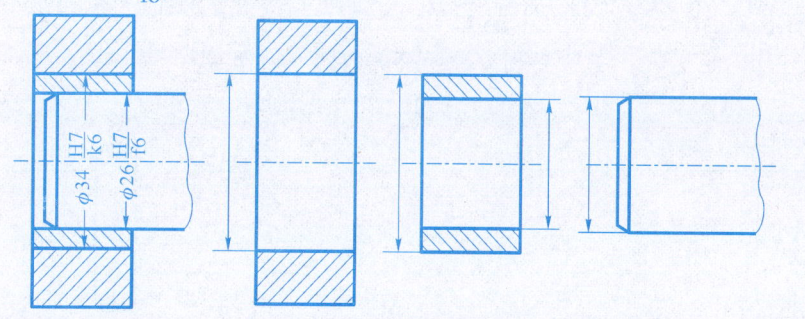

2. 配合尺寸 $\phi 24H9/f9$ 是基____制，孔的基本偏差代号为____，公差等级为____级；轴的基本偏差代号为____，公差等级为____级，它们是____配合。

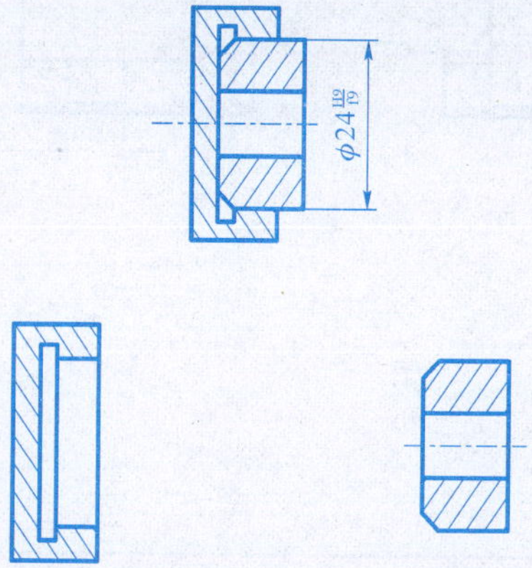

3. 配合尺寸 $\phi 14K7/h6$ 是基____制，孔的基本偏差代号为____，公差等级为____级；轴的基本偏差代号为____，公差等级为____级，它们是____配合。

4. 配合尺寸 $\phi 5H7/n6$ 是基____制，孔的基本偏差代号为____，公差等级为____级；轴的基本偏差代号为____，公差等级为____级，它们是____配合。

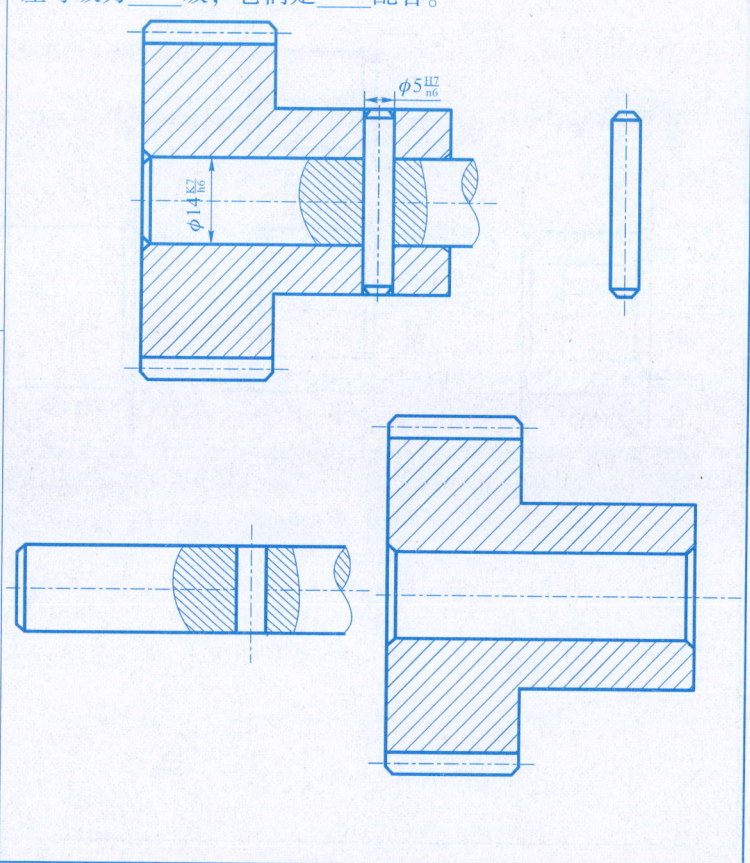

班级　　　　　姓名　　　　　学号

9.6 极限与配合（二）

1. 根据轴和孔的偏差值，在装配图中注出其配合代号。

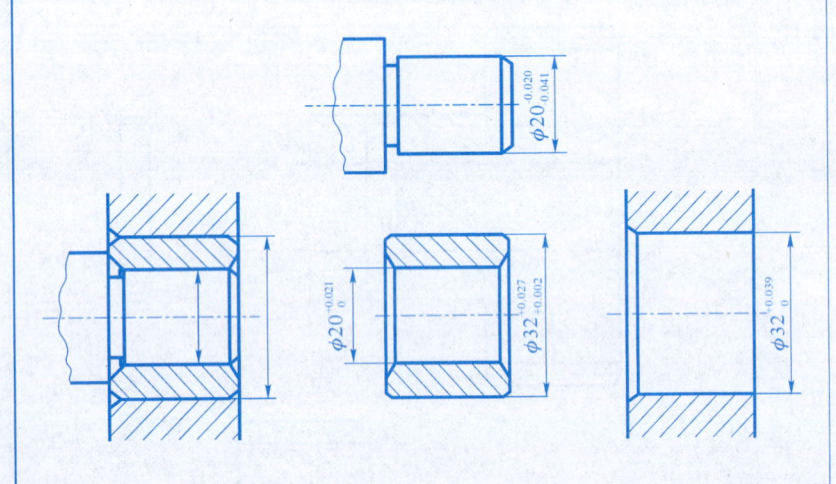

2. 根据装配图中的尺寸和配合代码，通过查表填空，并标注出各零件的尺寸和偏差值。

填空：（1）$\phi 8 \dfrac{F7}{h6}$：基____制，_____配合：孔的基本偏差代号为____，公差等级____级。

（2）$\phi 8 \dfrac{M7}{h6}$：基____制，_____配合：孔的基本偏差代号为____，公差等级____级。

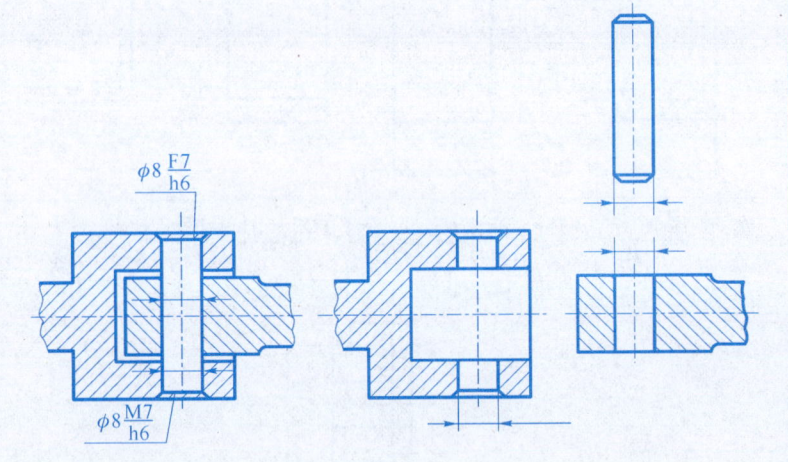

9.7 极限与配合 AutoCAD 练习（一）

打开文件 9.7-1.dwg，按下图所示，标注装配图中的尺寸。（可参考视频 9.7-1.mp4）

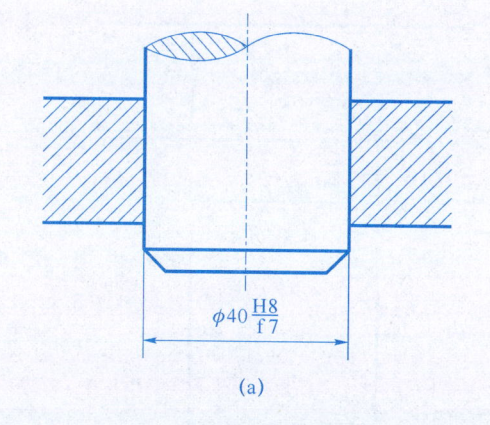

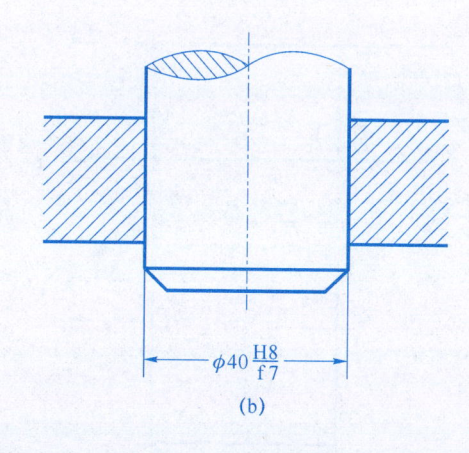

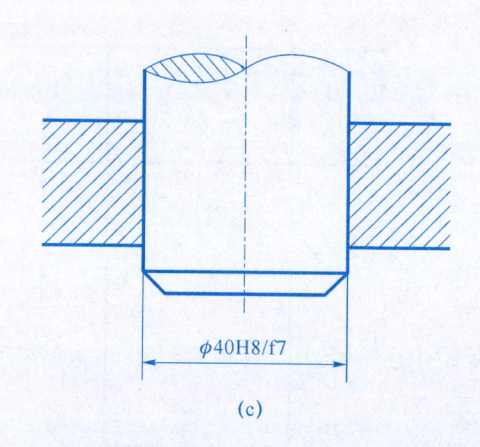

(a) $\phi 40 \dfrac{H8}{f7}$

(b) $\phi 40 \dfrac{H8}{f7}$

(c) $\phi 40 H8/f7$

班级　　　　姓名　　　　学号

9.8 极限与配合 AutoCAD 练习（二）

打开文件 9.8 – 1.dwg，按下图所示，标注零件图中的尺寸。（可参考视频 9.8 – 1.mp4）

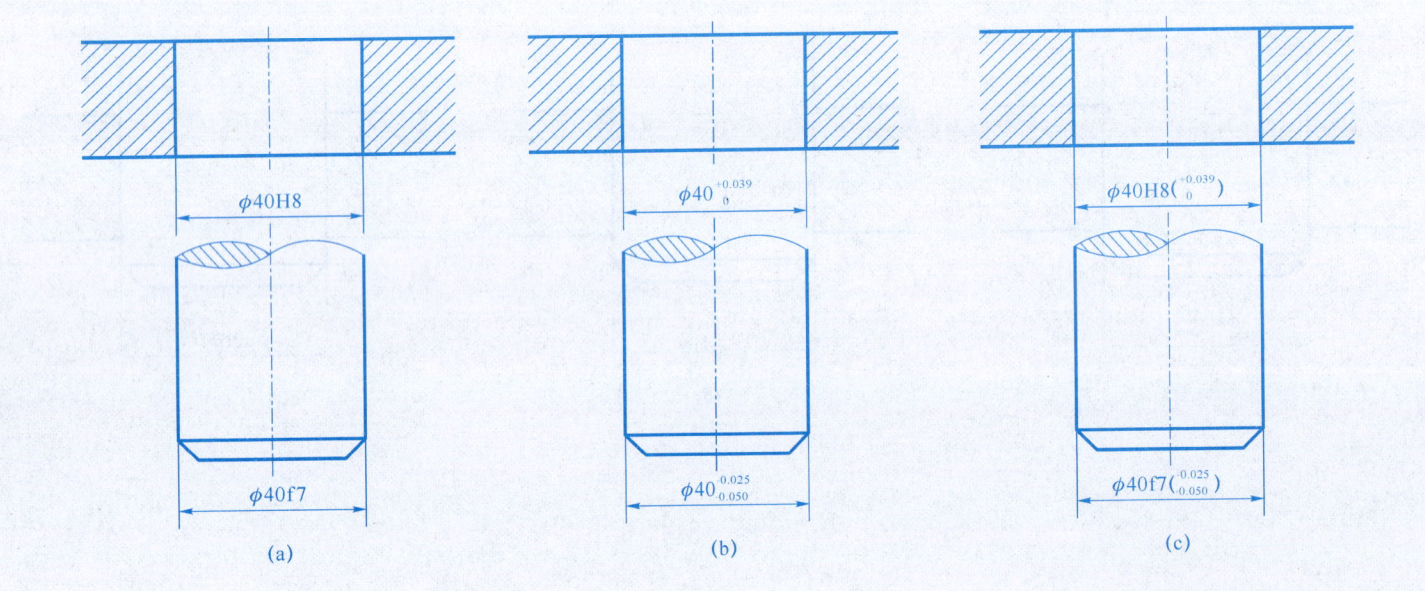

(a) $\phi 40H8$ / $\phi 40f7$

(b) $\phi 40^{+0.039}_{0}$ / $\phi 40^{-0.025}_{-0.050}$

(c) $\phi 40H8(^{+0.039}_{0})$ / $\phi 40f7(^{-0.025}_{-0.050})$

班级　　　　　姓名　　　　　学号

9.9 几何公差标注与识读

1. φ20 外圆柱面母线直线度公差为 0.012。

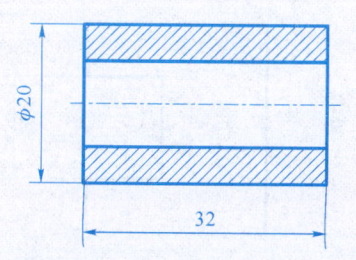

2. 用文字说明下面图中的框格标注的含义。

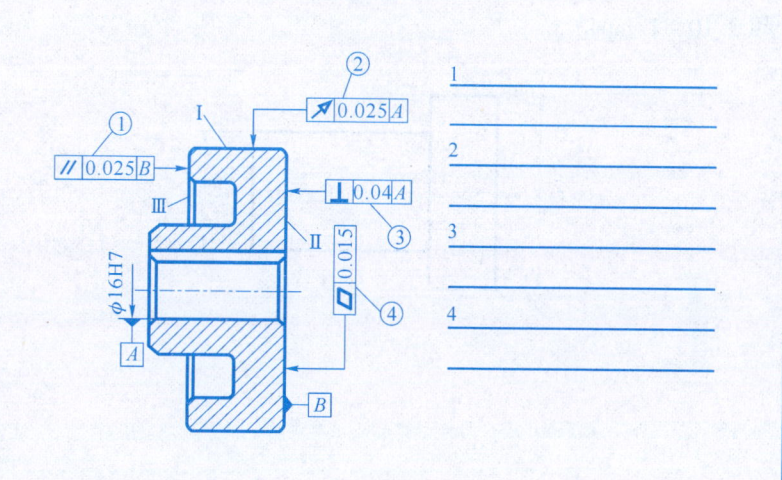

1 _____

2 _____

3 _____

4 _____

3. φ20 表面的圆度公差为 0.01。

4. φ8 轴线对底面的平行度公差为 0.04。

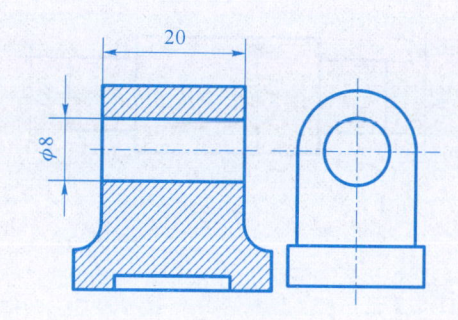

班级　　　　　姓名　　　　　学号

9.10 几何公差 AutoCAD 练习

1. $\phi15$ 的轴线对零件的左端面垂直度公差为 $\phi0.025$。（可参考视频 9.10 – 1.mp4）

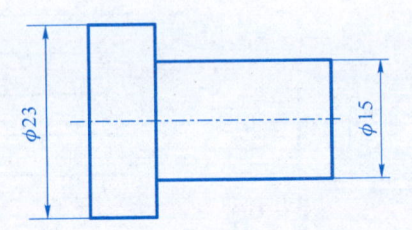

2. 在图上用代号标出：槽 20 mm 对距离为 40 mm 的两平面的对称度公差为 0.06。

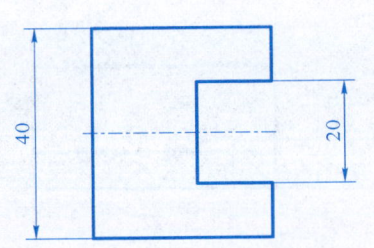

3. $\phi15$ 圆柱对两端 $\phi8$ 径向圆跳动公差为 0.015。

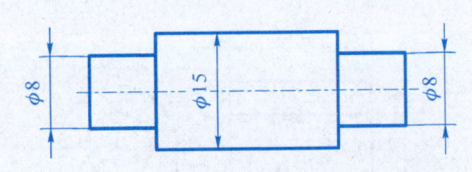

4. 在图上用代号标出：（1）孔 $\phi18$ mm 轴线的直线度公差为 $\phi0.02$，（2）孔 $\phi18$ mm 的圆度公差为 0.01。

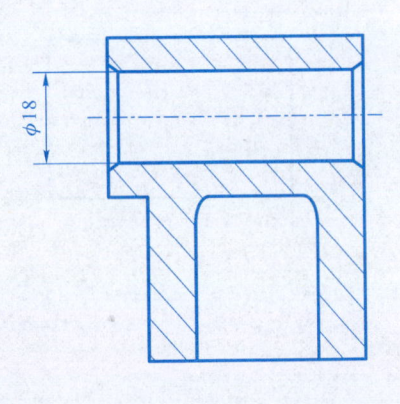

班级　　　　姓名　　　　学号

9.11 读齿轮轴的零件图，在指定位置补画断面图，并完成填空题

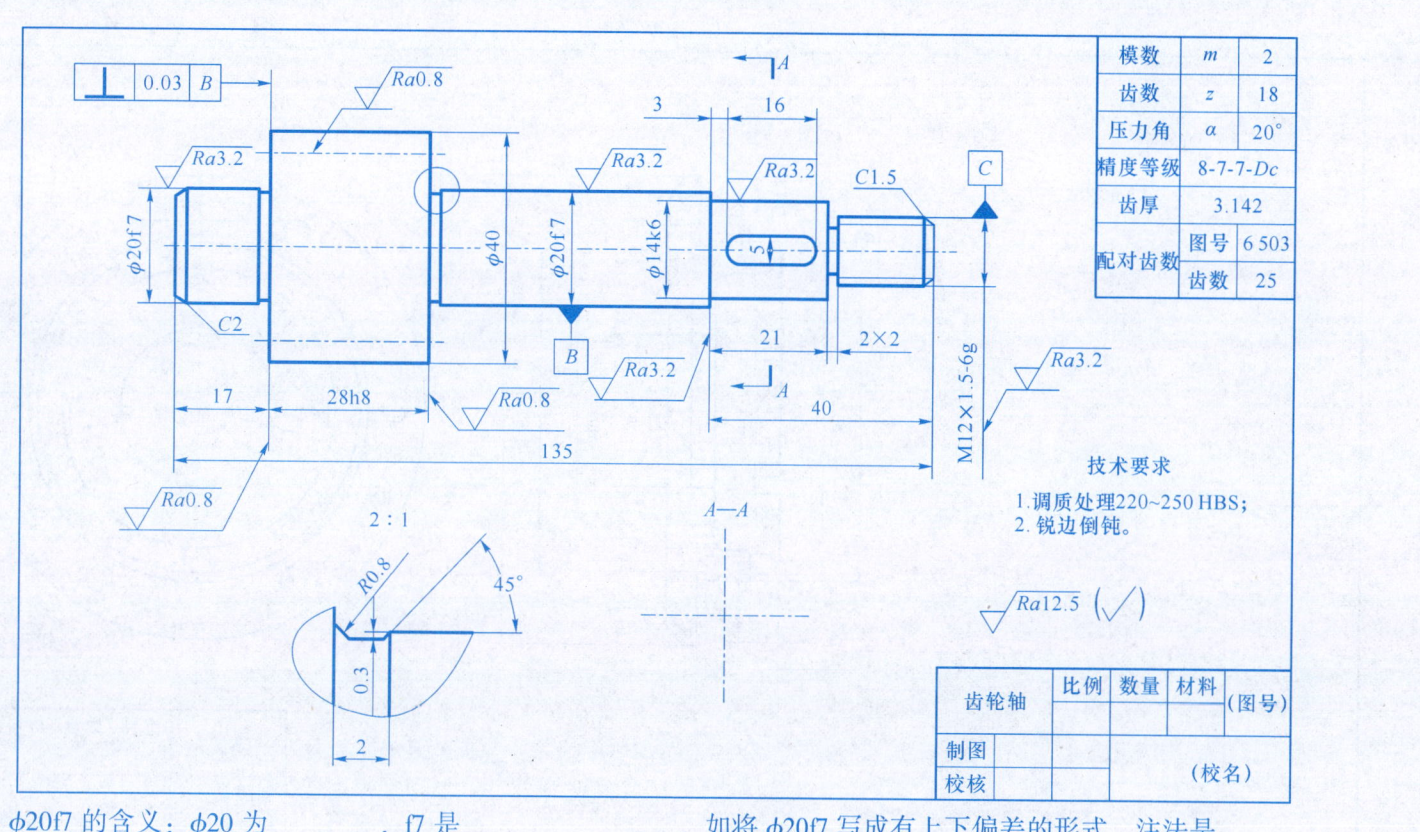

模数	m	2
齿数	z	18
压力角	α	20°
精度等级		8-7-7-Dc
齿厚		3.142
配对齿轮	图号	6 503
	齿数	25

技术要求
1. 调质处理220~250 HBS；
2. 锐边倒钝。

齿轮轴	比例	数量	材料	(图号)
制图				
校核				(校名)

1. 说明 φ20f7 的含义：φ20 为_____，f7 是_____，如将 φ20f7 写成有上下偏差的形式，注法是_____。
2. 说明图中几何公差框格的含义：符号⊥表示_____，数字 0.03 是_____，B 是_____。
3. 齿轮轴零件图中表面粗糙度要求最高的是_____，共有_____处；要求最低的是_____。
4. 指出图中的工艺结构：它有_____处倒角，其尺寸分别为_____，有_____处退刀槽，其尺寸为_____。

班级　　　　　　姓名　　　　　　学号

9.12 读端盖的零件图，并完成填空题

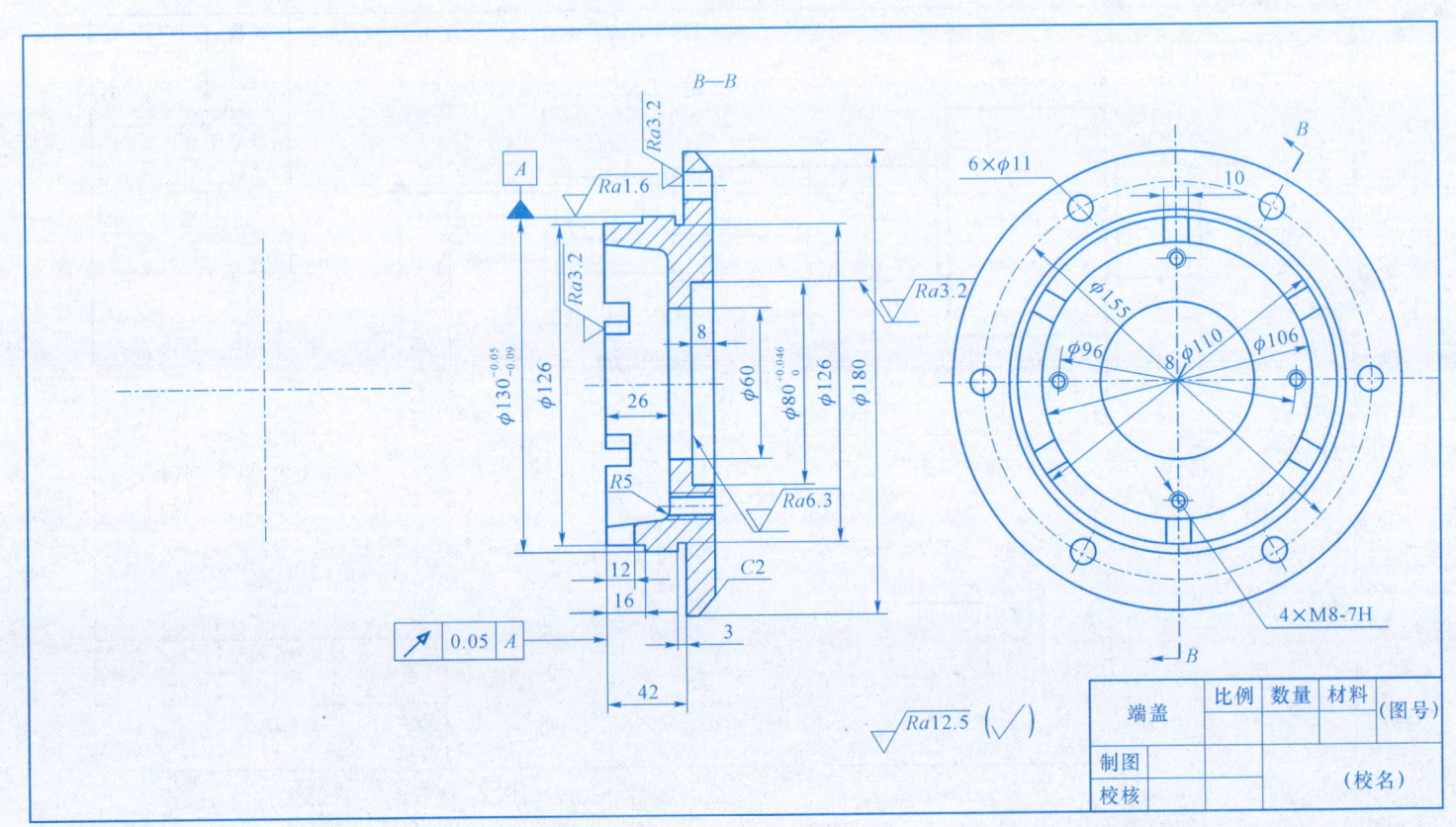

1. 主视图采用了_____剖的_____剖视图。
2. 端盖的周围有_____个圆孔，它们的直径为_____，定位尺寸为_____。
3. 端盖上有_____个槽，它们的宽度为_____，深度为_____。
4. 零件表面要求最高的表面粗糙度代号为_____，要求最低的为_____。

班级　　　　　　　　姓名　　　　　　　　学号

9.13 读轴架零件图，并完成填空题

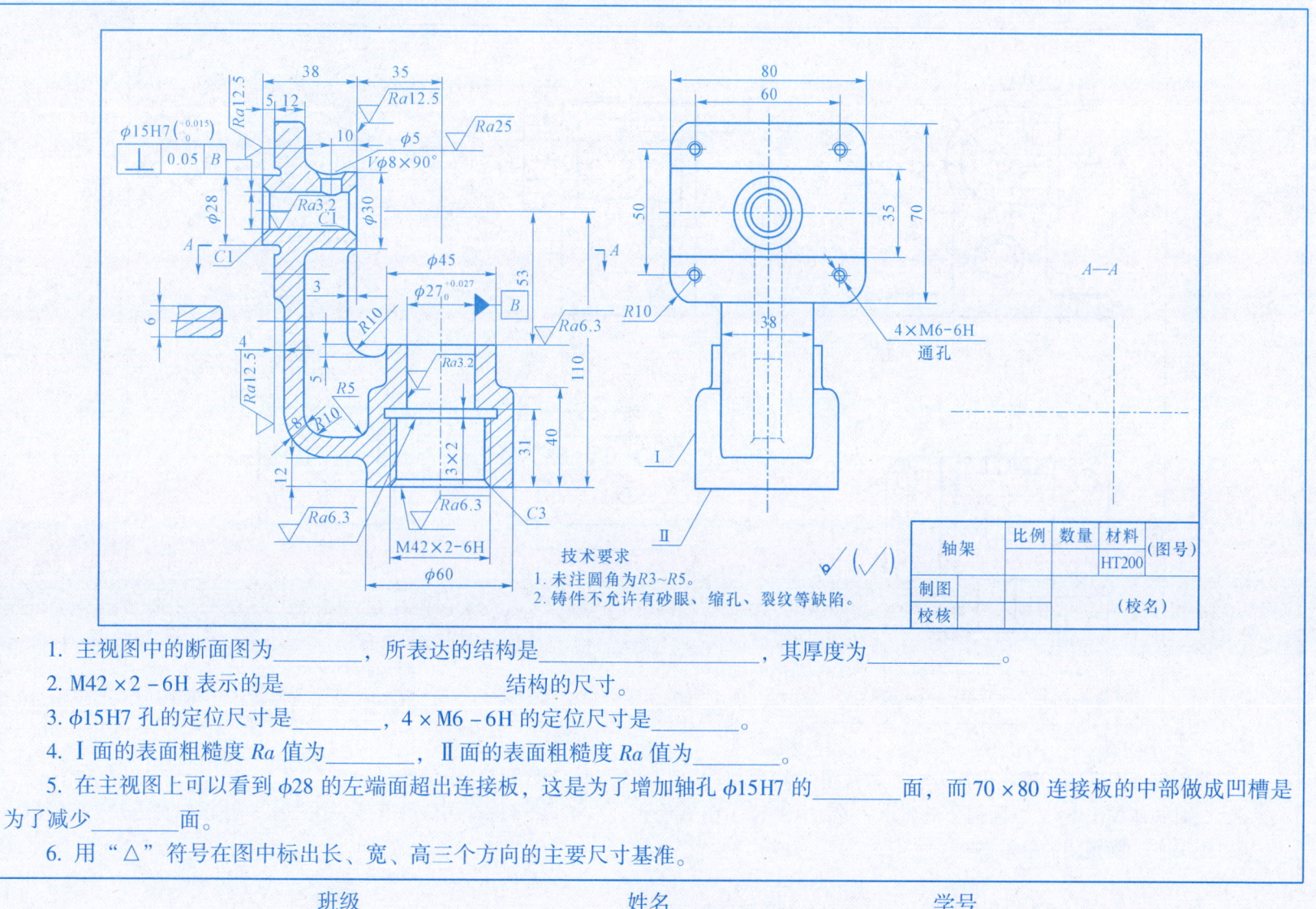

1. 主视图中的断面图为_____，所表达的结构是_____，其厚度为_____。
2. M42×2-6H 表示的是_____结构的尺寸。
3. φ15H7 孔的定位尺寸是_____，4×M6-6H 的定位尺寸是_____。
4. Ⅰ面的表面粗糙度 Ra 值为_____，Ⅱ面的表面粗糙度 Ra 值为_____。
5. 在主视图上可以看到 φ28 的左端面超出连接板，这是为了增加轴孔 φ15H7 的_____面，而 70×80 连接板的中部做成凹槽是为了减少_____面。
6. 用"△"符号在图中标出长、宽、高三个方向的主要尺寸基准。

班级　　　　　　姓名　　　　　　学号

— 101 —

9.14 读阀体零件图，并回答下列问题

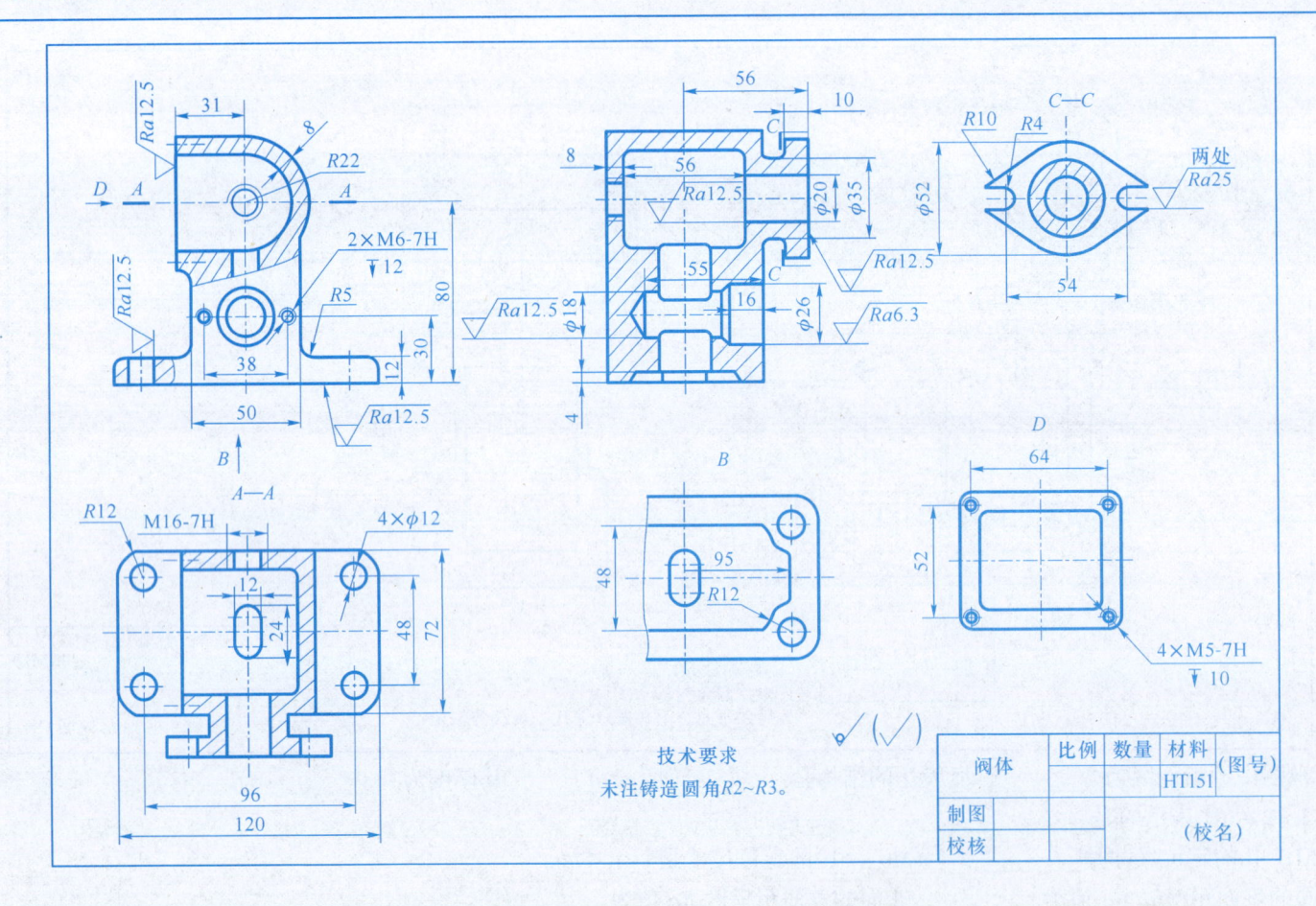

技术要求
未注铸造圆角R2~R3。

1. 阀体零件图采用了哪些表达方法？各视图的作用如何？
2. 找出视图中的定位尺寸。
3. 试对阀体提出1~2点几何公差要求，并用代号标注在图形上。
4. 试再选择阀体的其他表达方案，比较各表达方法的特点。
5. 画出主、俯视图的外形图。

班级　　　　　　　姓名　　　　　　　学号

9.15 用 AutoCAD 绘制下列零件图（一）

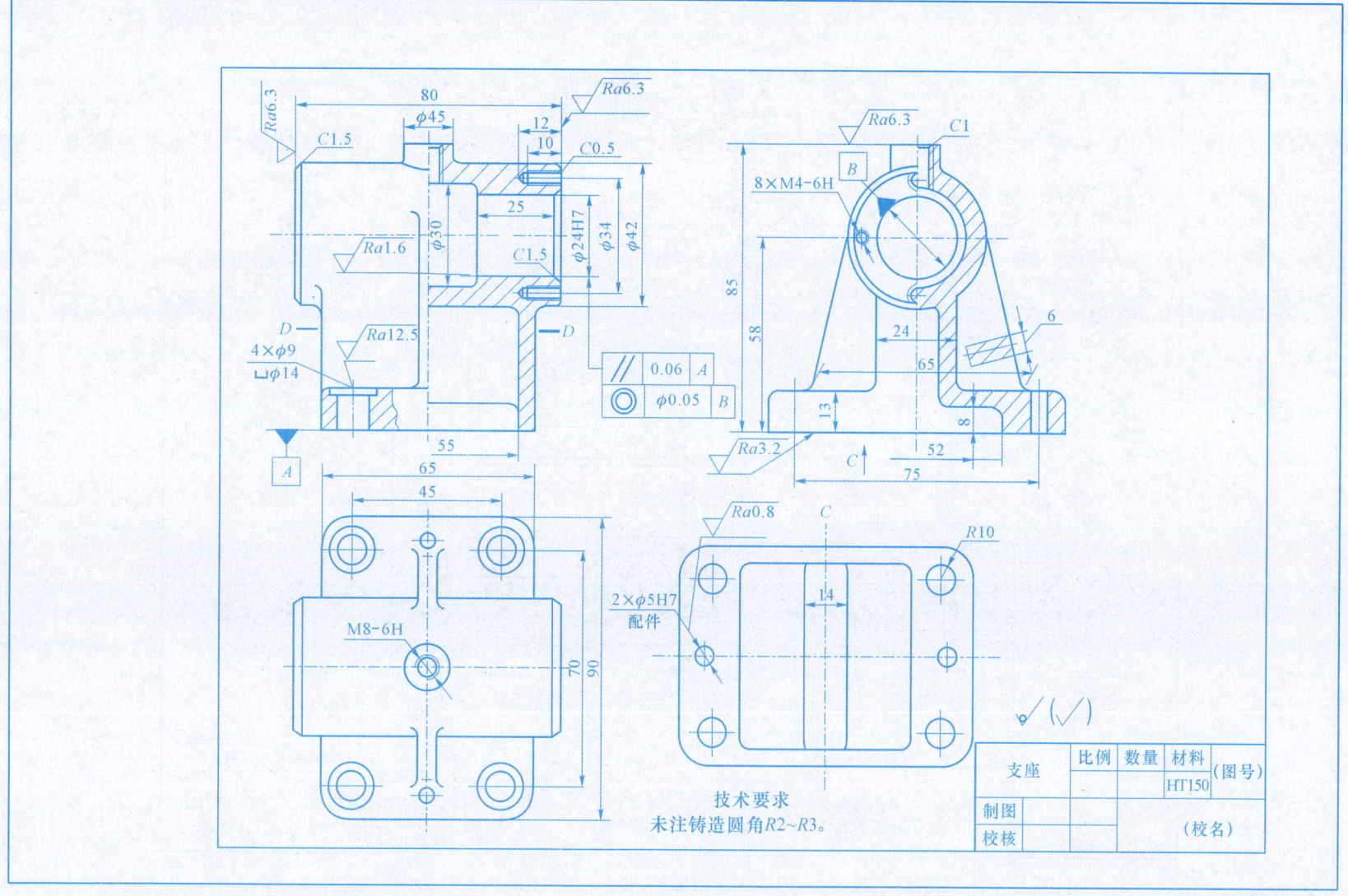

9.16　用 AutoCAD 绘制下列零件图（二）

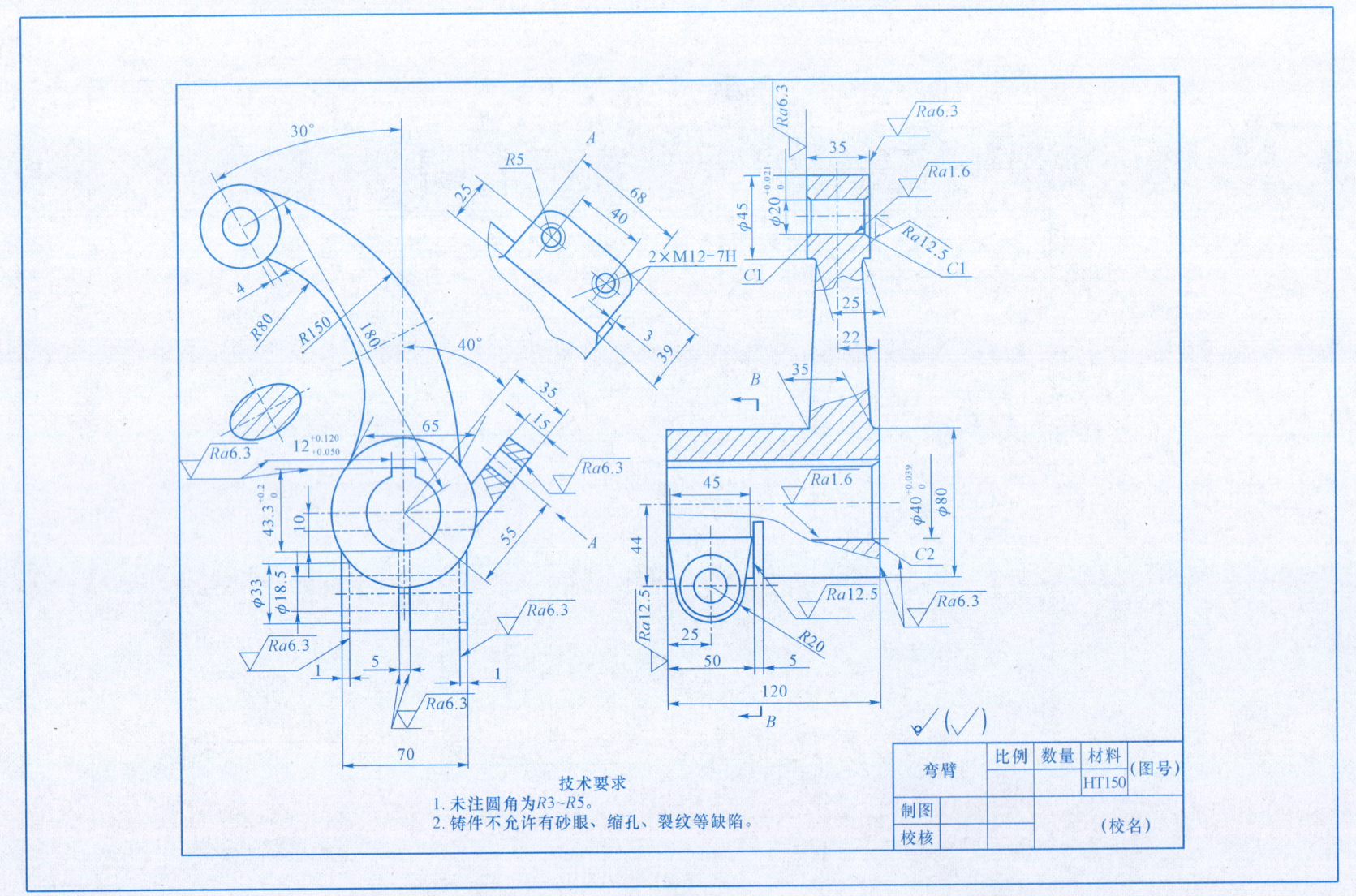

技术要求
1. 未注圆角为R3~R5。
2. 铸件不允许有砂眼、缩孔、裂纹等缺陷。

模块 10 装 配 图

10.1 装配图表达方法 AutoCAD 练习

1. 打开 10.1-1.dwg，根据旋塞阀装配示意图和零件图，拼画其装配图。

2. 打开 10.1-2.dwg，根据台虎钳装配示意图和零件图，拼画其装配图。

班级　　　　　姓名　　　　　学号

10.2 装配图手工作业

作业指导

一、目的

学习装配图的绘制方法，培养画装配图的能力。

二、要求

1. 掌握装配图的视图方案选择。

2. 掌握装配图的画法与尺寸标注。

3. 进一步培养读零件图的能力和巩固常用件、标准件的应用与画法。

三、内容

根据给定的部件的轴测图或装配示意图、有关说明与零件图，拼画装配草图，并画出 1～2 张装配图。

四、注意事项

1. 画图前，须看懂零件图，了解部件的工作原理、各零件之间的装配连接关系。

2. 要从能反映工作原理和装配关系出发，选好表达方案。

3. 初次拼画装配图，不熟练，宜先在草稿纸上试画，然后再正式绘图。

一、千斤顶的工作原理

千斤顶是利用螺旋转动来顶举重物的一种起重或顶压工具，常用于汽车修理及机械安装中。工作时，重物压于顶垫之上，将绞杠穿入螺旋杆上部的孔中，旋动绞杠，因底座及螺套不动，则螺旋杆在作圆周运动的同时，靠螺纹的配合作上、下移动，从而顶起或放下重物。螺套镶在底座里，并用螺钉定位，磨损后便于更换；顶垫套在螺旋杆顶部，其球面形成传递承重之配合面，由螺钉锁定，使顶垫不至脱落且能与螺旋杆相对转动。

二、作业提示

1. 了解部件的工作原理、零件结构及其连接关系，选择表达方案。

2. 图纸幅面 A3，比例 2：1。

3. 先画主体零件螺旋杆，再依次画出螺套、顶垫、绞杠和底座，最后画出螺钉等细部结构。

4. 螺钉尺寸按给出的国标号查标准。

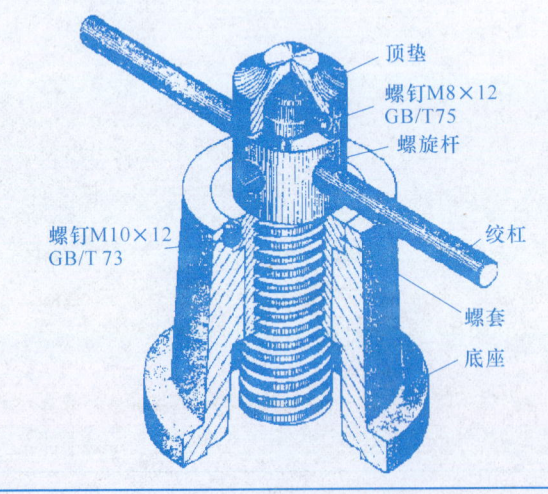

班级　　　　姓名　　　　学号

10.2　装配图手工作业（续）

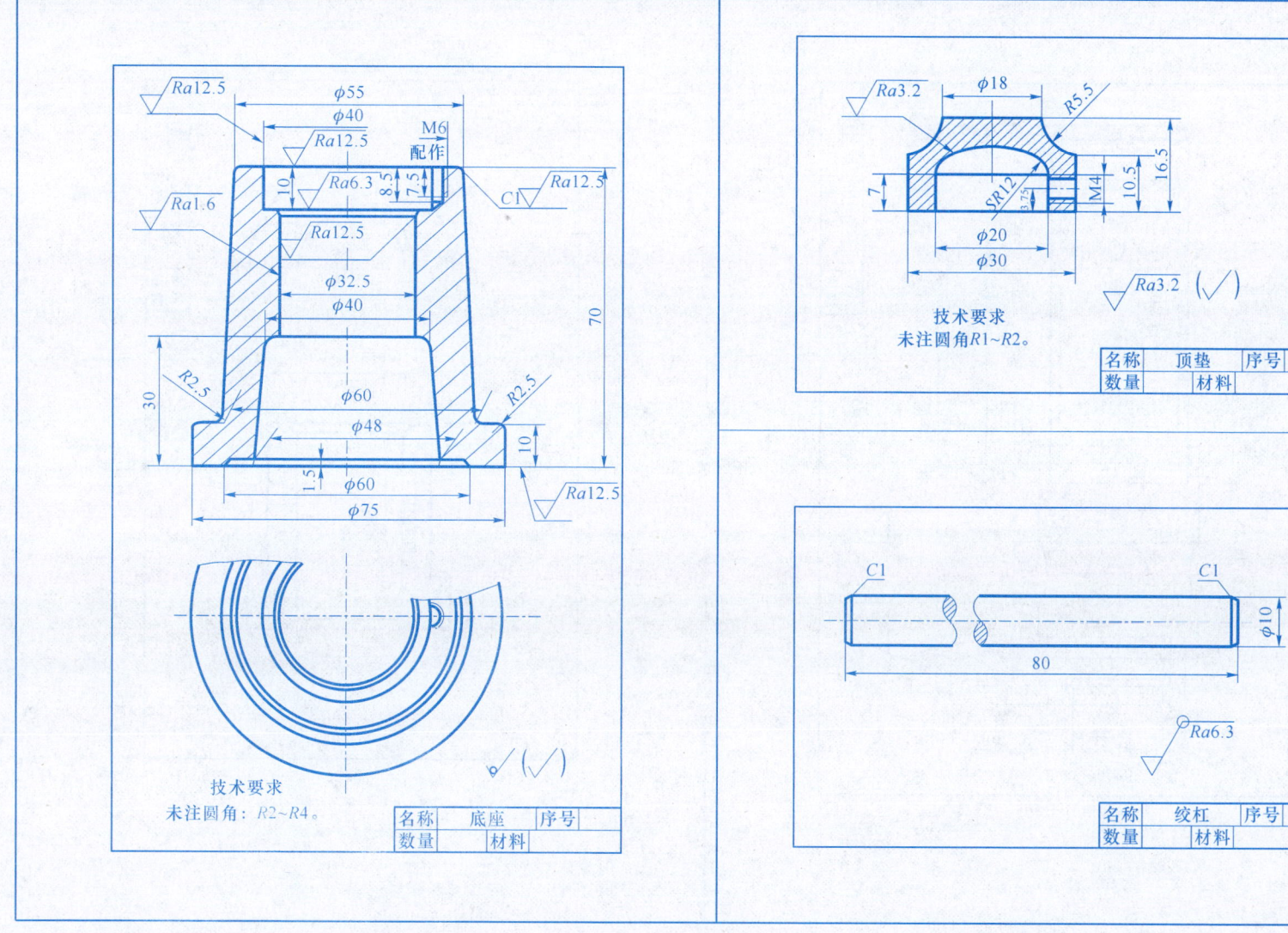

技术要求
未注圆角：R2~R4。

名称　底座　序号
数量　　　材料

技术要求
未注圆角R1~R2。

名称　顶垫　序号
数量　　　材料

名称　绞杠　序号
数量　　　材料

班级　　　　　　姓名　　　　　　学号

10.2 装配图手工作业（续）

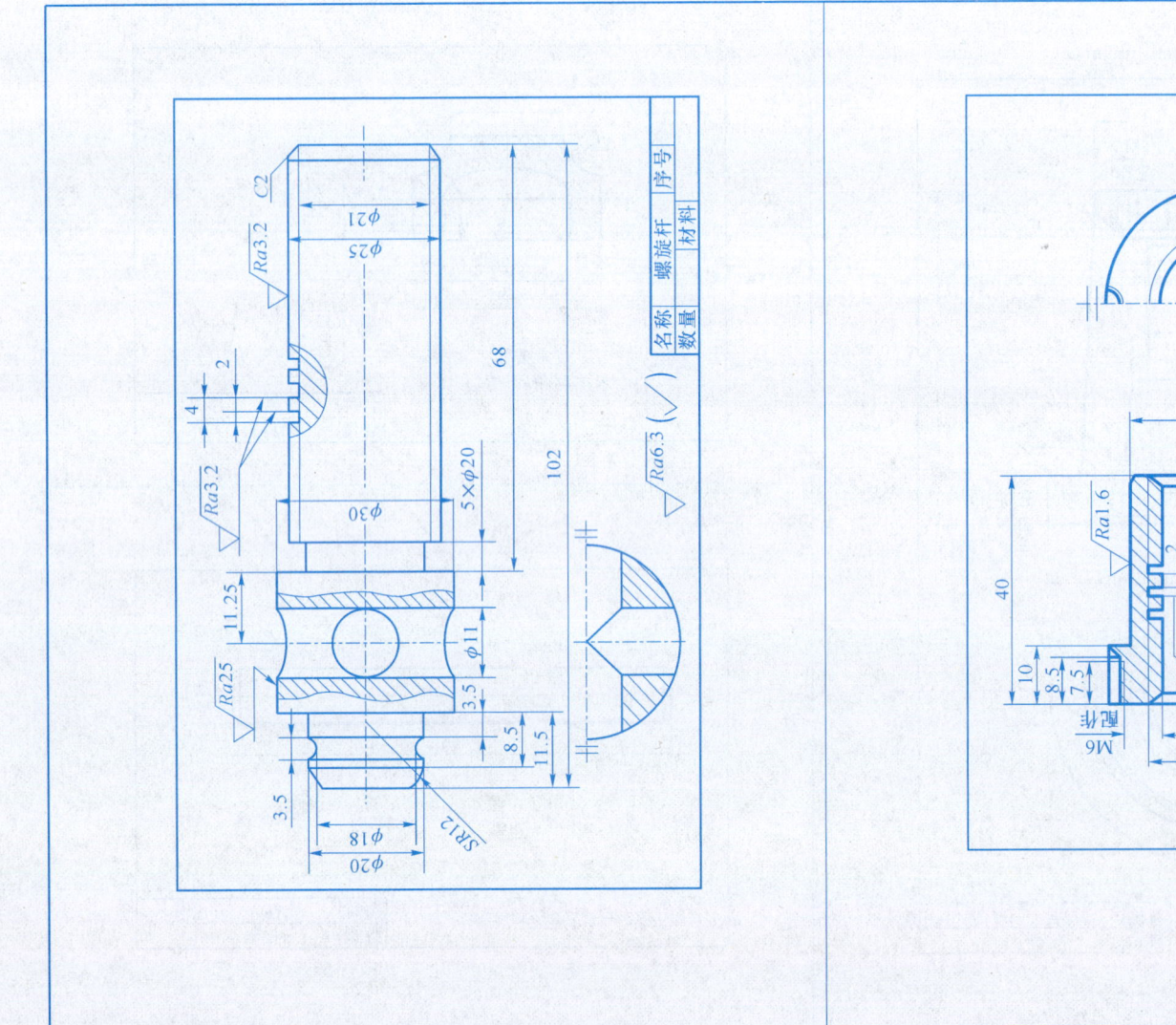

10.3 装配图画法 AutoCAD 练习（一）

1. 打开 10.3－1.dwg，根据齿轮油泵装配示意图和零件图，拼画其装配图。（可参考视频 10.3－1.wmv）

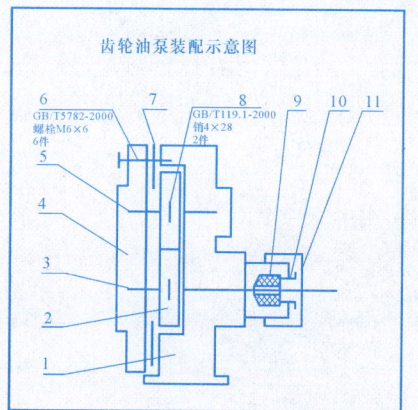

一、作业说明
　　该齿轮油泵是应用于小型机床的润滑系统，其工作原理是靠一对齿轮的旋转运动，把油从低压区油孔吸入，加压到高压区出油孔送出，经机床上油槽送到轴承等需要润滑的部位，其结构由泵体、泵盖、齿轮、主动齿轮轴、从动齿轮轴等11种零件组成。为避免润滑油沿主动齿轮轴流出，在泵体上设有密封装置。通过拧紧盖螺母，填料压盖将填料压紧，起密封作用。为防止润滑油沿泵体和泵盖连接处渗出，中间加一垫片，同时也用来调整齿轮与泵体间轴向间隙。泵体上油的吸入孔与输出孔均用管螺纹G1/4与输油管连接。

二、作业要求
　　1. 阅读齿轮油泵装配示意图，并对照读懂各个零件图。
　　2. 绘制齿轮油泵装配图，要求：
　　(1) 采用A3，比例1∶1。
　　(2) 按教材P5，图1—4格式，绘制图框、标题栏和明细表。
　　(3) 完成视图表达、尺寸标注、零件序号和技术要求等内容。

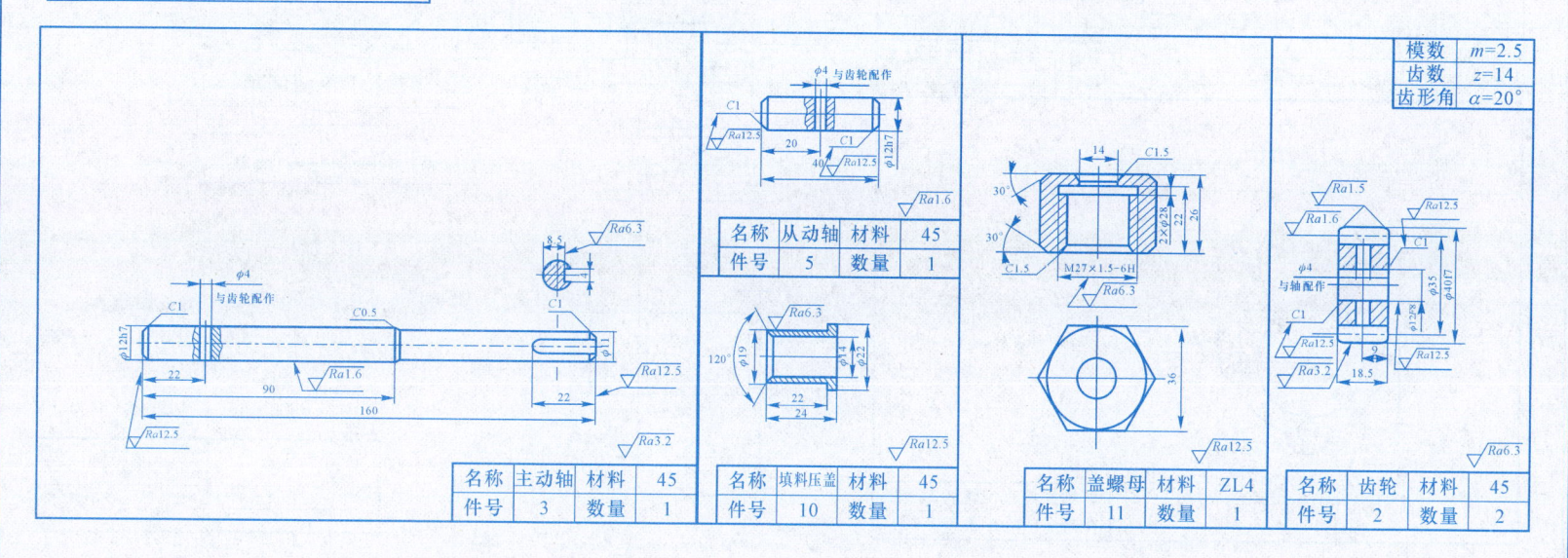

班级　　　　　　姓名　　　　　　学号

10.3 装配图画法 AutoCAD 练习（一）续

1. 打开 10.3-1.dwg，根据齿轮油泵装配示意图和零件图，拼画其装配图。（可参考视频 10.3-1.mp4）

10.4 装配图画法 AutoCAD 练习（二）

一、工作原理

安全阀是一种安装在供油管路中的安全装置。正常工作时，阀门靠弹簧的压力处于关闭位置，油从阀体左端孔流入，经下端孔流出。当油压超过允许压力时，阀门被顶开，过量油就从阀体和阀门开启后的缝隙间经阀体右端孔管道流回油箱，从而使管道中的油压保持在允许的范围内，起到安全保护作用。

二、作业要求

1. 读懂安全阀装配示意图和全部零件图；
2. 拼画装配图（采用 A2 图纸，比例 1∶1）

序号	零件名称	数量	材料	附注及标准
1	阀 体	1	ZL2	
2	阀 门	1	H62	
3	弹 簧	1	65Mn	
4	垫 片	1	工业用纸	
5	阀 盖	1	ZL2	
6	托 盘	1	H62	
7	紧定螺钉 M5×8	1	Q235	GB/T 75—1985
8	螺 杆	1	Q235	
9	螺母 M10	1	Q235	GB/T 6170—2000
10	阀 帽	1	ZL2	
11	螺母 M6	4	Q235	GB/T 6170—2000
12	垫圈 6	4	Q235	GB/T 97.1—1985
13	螺柱 M6×16	4	Q235	GB/T 899—1988

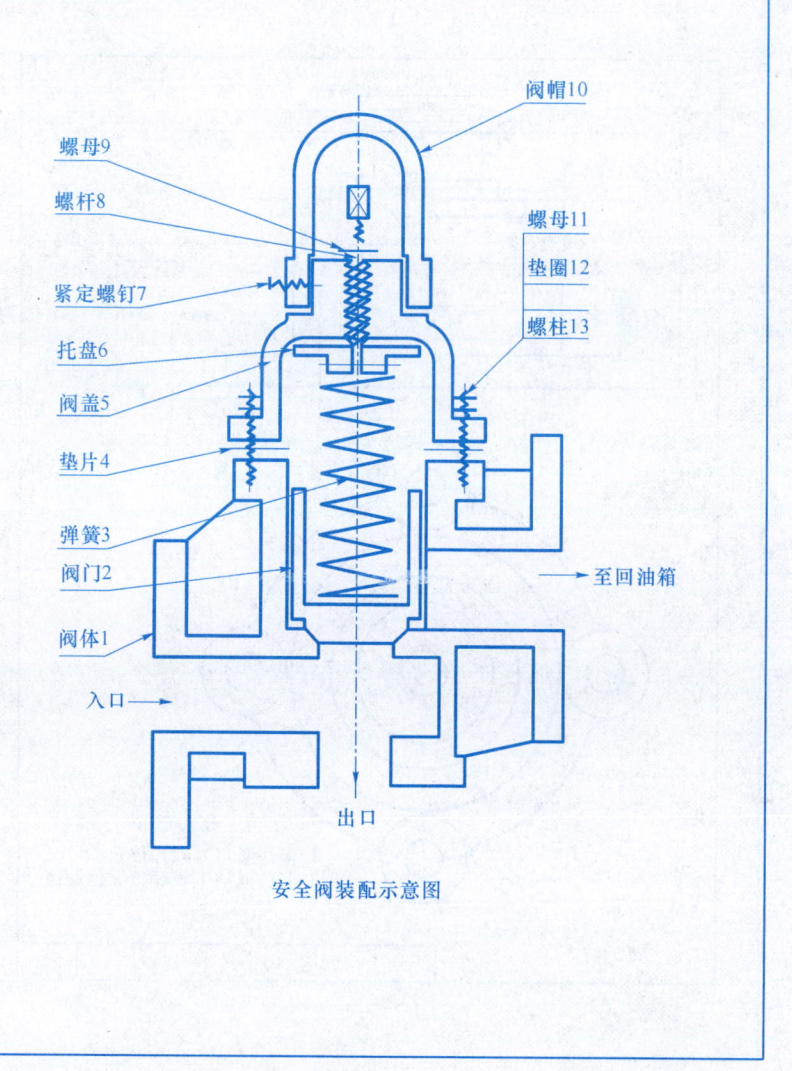

安全阀装配示意图

班级　　　　　姓名　　　　　学号

10.4 装配图画法 AutoCAD 练习（二）（续）

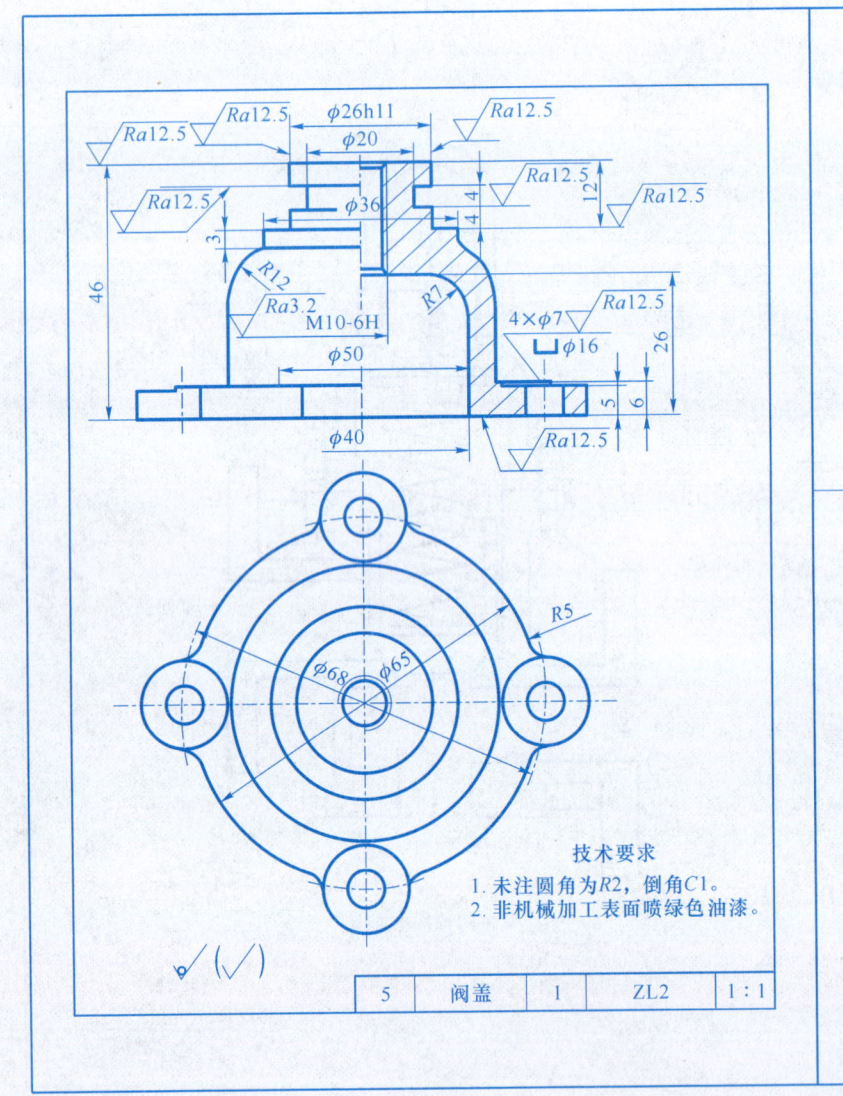

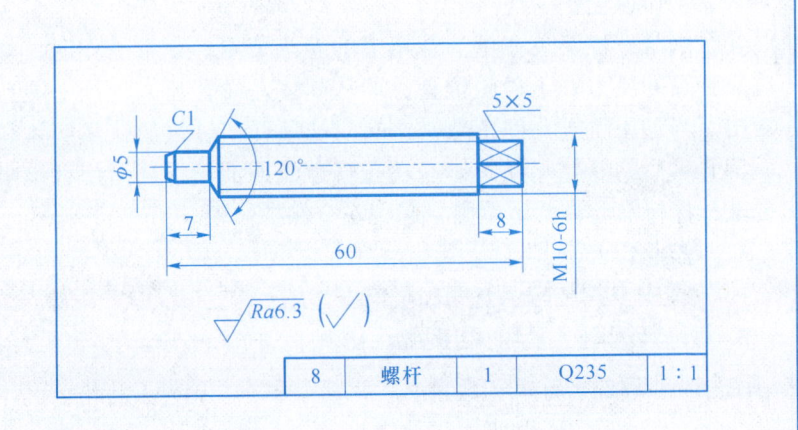

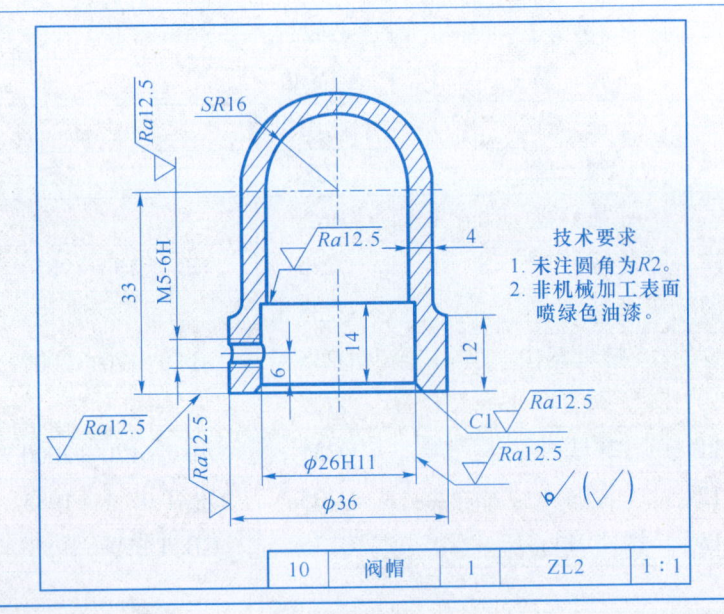

10.4 装配图画法 AutoCAD 练习（三）（续）

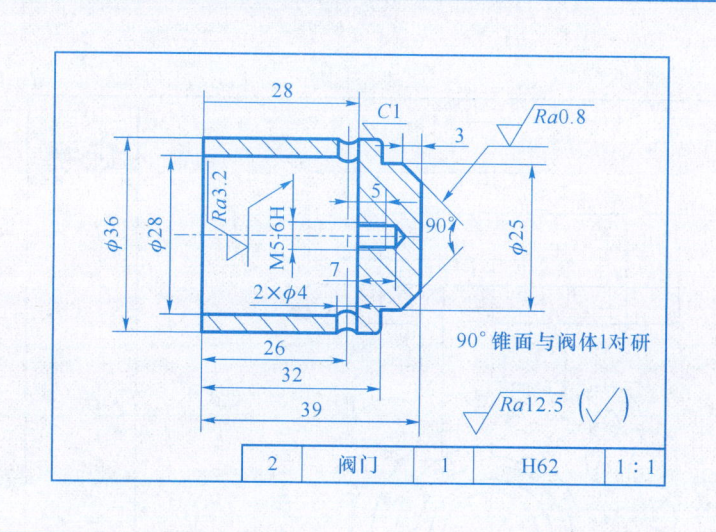

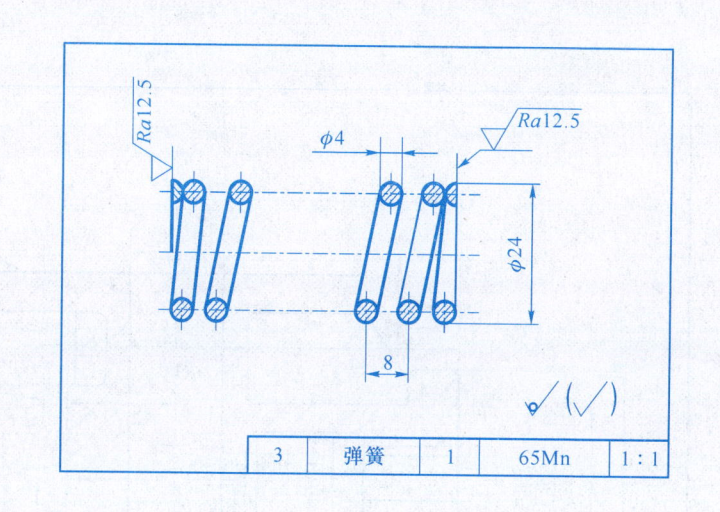

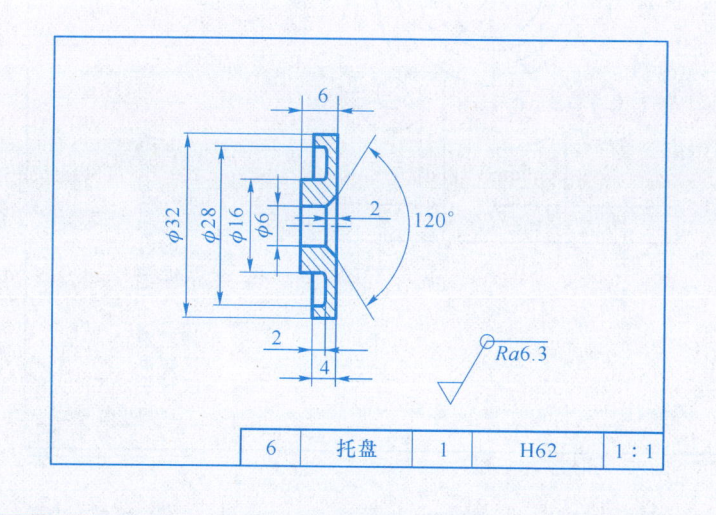

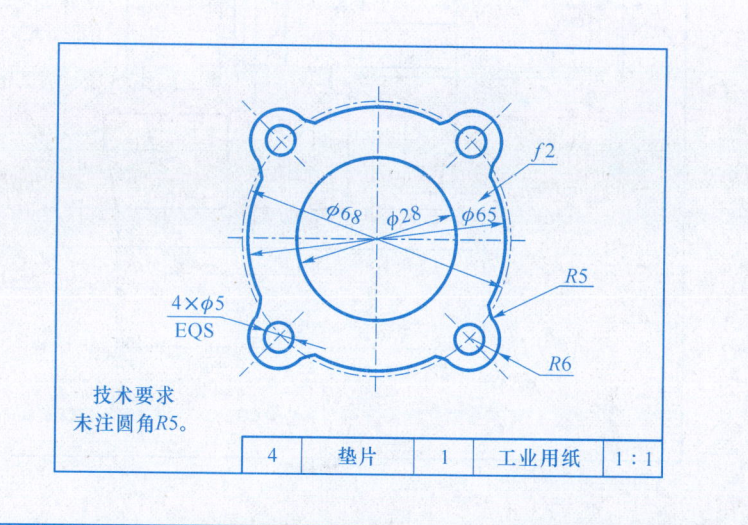

— 113 —

10.4 装配图画法 AutoCAD 练习（二）（续）

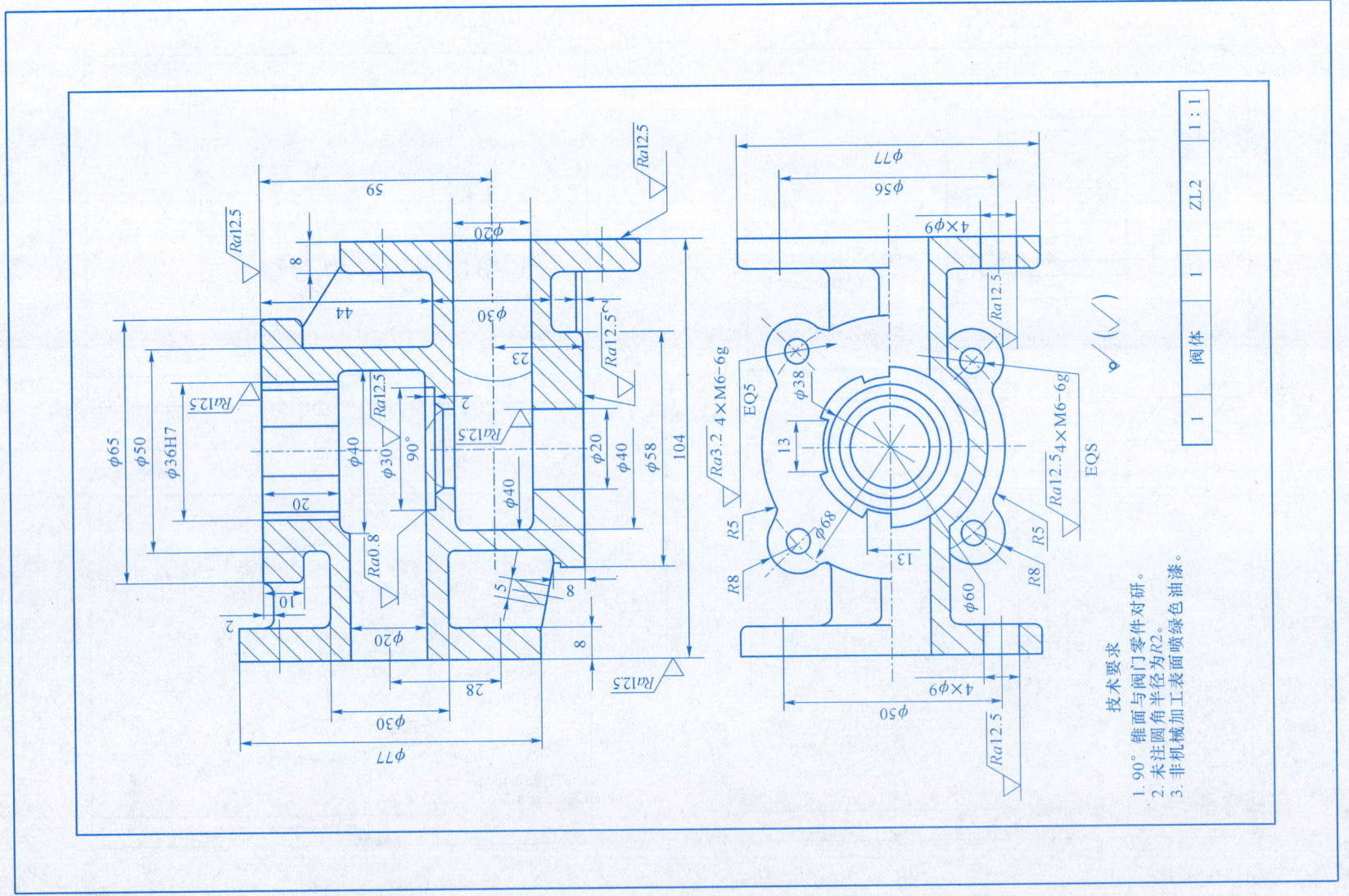

10.5 读懂钻模的装配图，并回答问题（填空在下页）

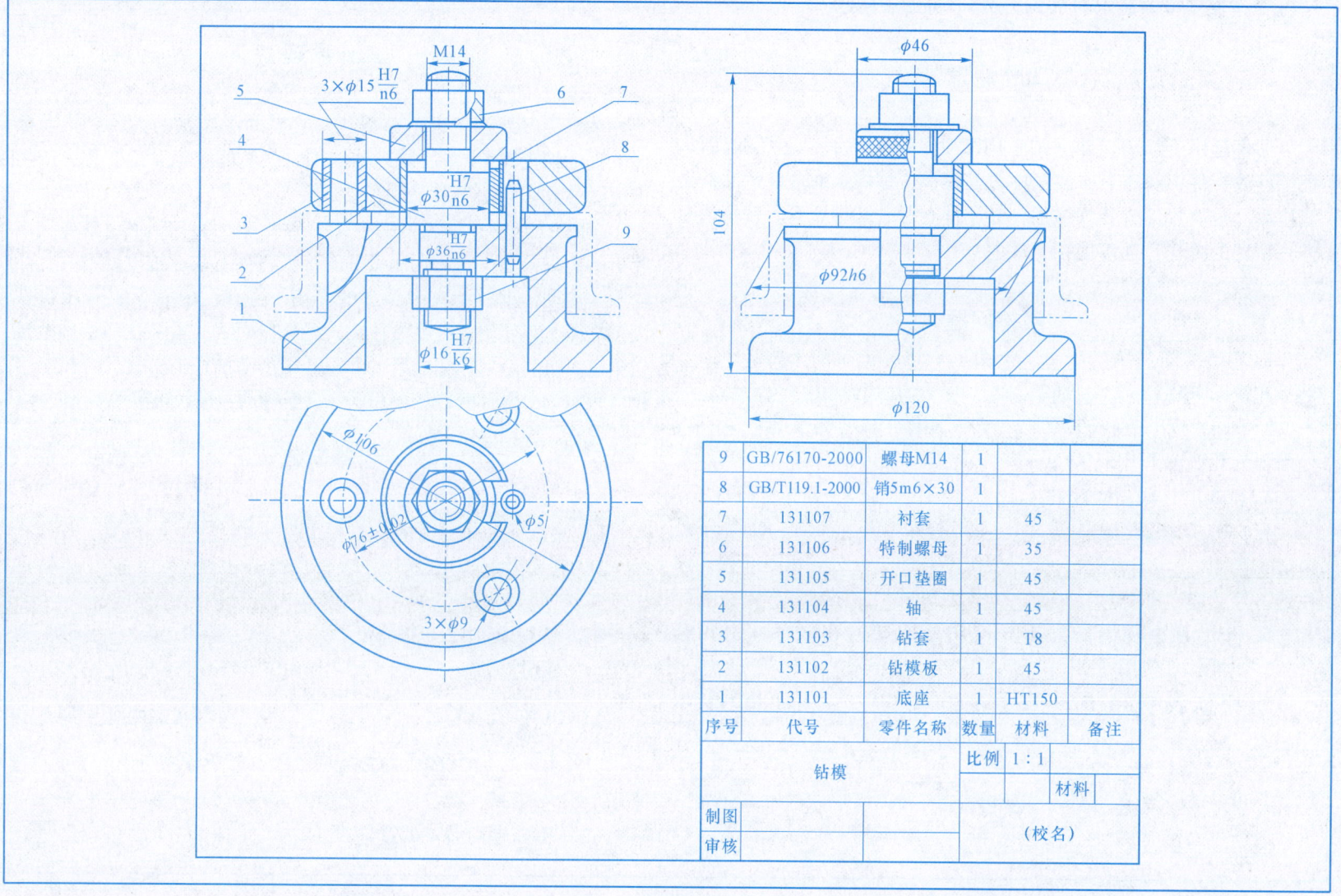

9	GB/76170-2000	螺母M14	1		
8	GB/T119.1-2000	销5m6×30	1		
7	131107	衬套	1	45	
6	131106	特制螺母	1	35	
5	131105	开口垫圈	1	45	
4	131104	轴	1	45	
3	131103	钻套	1	T8	
2	131102	钻模板	1	45	
1	131101	底座	1	HT150	
序号	代号	零件名称	数量	材料	备注

钻模　　比例 1:1

制图
审核
（校名）

班级　　姓名　　学号

— 115 —

10.5 读懂钻模的装配图（见上页），并回答问题

工作原理

钻模是用于加工工件（图中用细双点画线所示）上孔的夹具。把工件放在件1底座上，装上件2钻模板，钻模板通过件8圆柱销定位后，再放置件5开口垫圈，并用件6特制螺母压紧。钻头通过件3钻套的内孔，准确地在工件上钻孔。

回答问题

1. 本装配图共用_____个图形表达，主视图采用_____剖，左视图采用_____剖。
2. 图中的双点画线表示_____零件，该零件上有_____处需要钻孔。
3. 件8的作用是固定件_____与件_____的相对位置。
4. $\phi30H7/n6$ 表示件_____与件_____之间的配合是_____制_____配合，公差等级是_____级。在零件图上标注这一尺寸时，孔的尺寸是_____，轴的尺寸是_____。
5. 件1在主视图的左上角空白处的结构在该零件上共有_____处，其作用是_____。
6. 明细表中，HT150 表示_____，150 表示_____。
7. 件2与件3之间是_____配合。
8. 拆画件1底座、件4轴的零件图。

10.6 读单缸吸气泵的装配图（见下页），并回答问题

工作原理

单缸吸气泵用于吸附小薄片。它借助于凸轮的转动，推动推杆1带动橡皮膜10作往复运动，使内腔V的容积发生变化，产生正负压达到吸附小薄片的目的。

接嘴11与测量砧吸料嘴连接，当推杆处于右极限位置时，内腔V的容积最小，这时在测量砧的小吸料嘴上放上被测量薄片，凸轮连续转动，推杆1在弹簧2的作用下左移，内腔V容积由小变大，气压由正变负，待测量片在大气压作用下，紧贴在测量砧上接受测量。当测量动作完成后，凸轮开始推动推杆1右移，内腔V容积由大变小，薄片两侧压力相等，即被释放，薄片被吸嘴吸走。

回答问题

（1）填空回答下列问题：
1）装配图所示位置表示推杆1处于最_____位置。
2）若要拆下橡皮膜10，应首先拆去零件_____，然后拆去_____。
3）左视图中，$\phi34$ 为_____尺寸，$\phi50$ 为_____尺寸。
4）$\phi6\frac{H7}{f6}$ 表示零件_____与_____之间的配合，属于基_____制_____配合，H 表示_____，7 表示_____，f 表示_____。

（2）拆画导向盖4的零件图。

10.6　读懂单缸吸气泵的装配图，并回答问题（填空在上页）

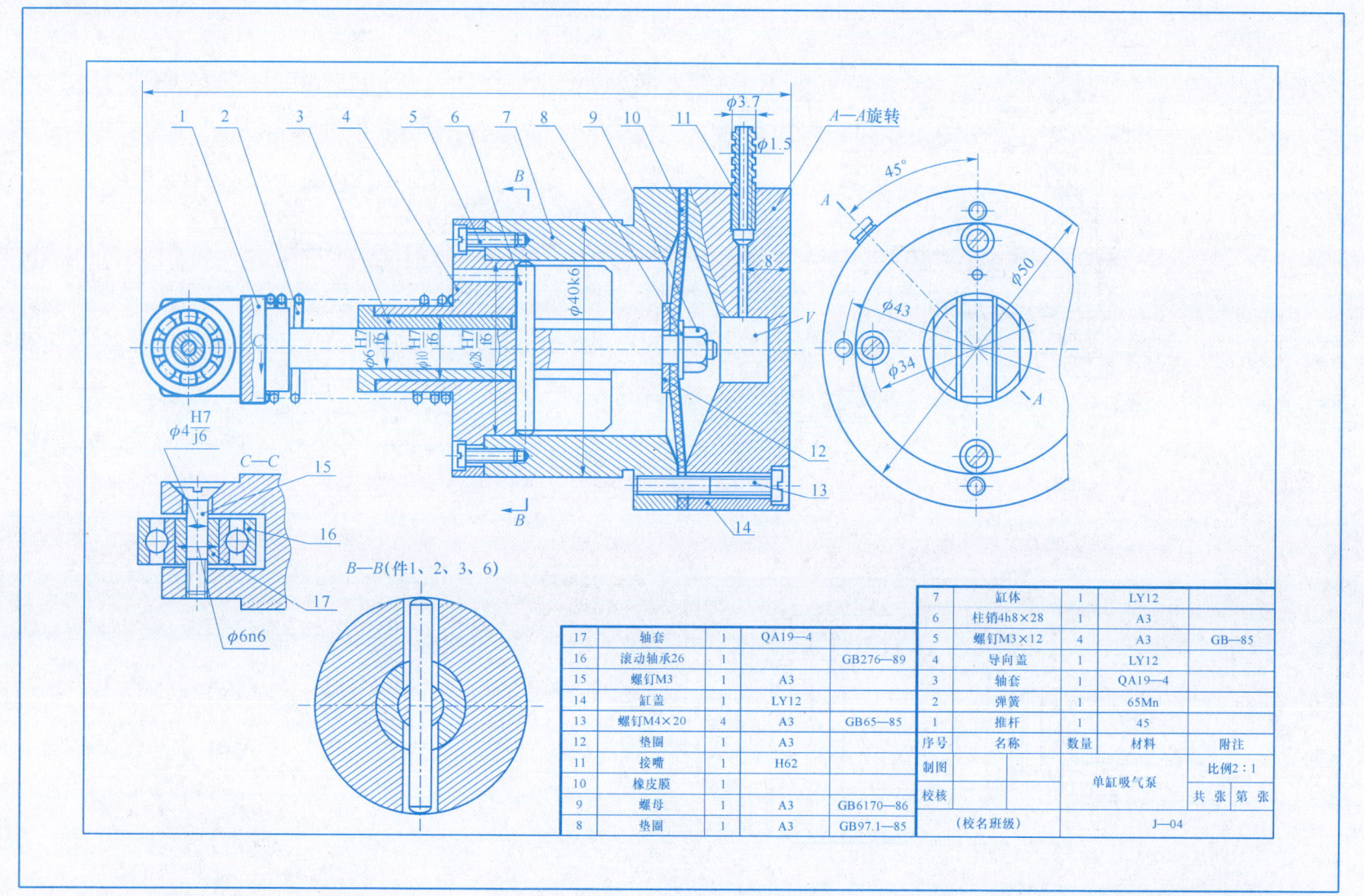

17	轴套	1	QA19—4	
16	滚动轴承26	1		GB276—89
15	螺钉M3	1	A3	
14	缸盖	1	LY12	
13	螺钉M4×20	4	A3	GB65—85
12	垫圈	1	A3	
11	接嘴	1	H62	
10	橡皮膜	1		
9	螺母	1	A3	GB6170—86
8	垫圈	1	A3	GB97.1—85

7	缸体	1	LY12	
6	柱销4h8×28	1	A3	
5	螺钉M3×12	4	A3	GB—85
4	导向盖	1	LY12	
3	轴套	1	QA19—4	
2	弹簧	1	65Mn	
1	推杆	1	45	
序号	名称	数量	材料	附注

制图		单缸吸气泵	比例2:1
校核			共张 第张
（校名班级）		J—04	

班级　　　　　姓名　　　　　学号

— 117 —

10.7 读懂柱塞泵的装配图，并回答问题

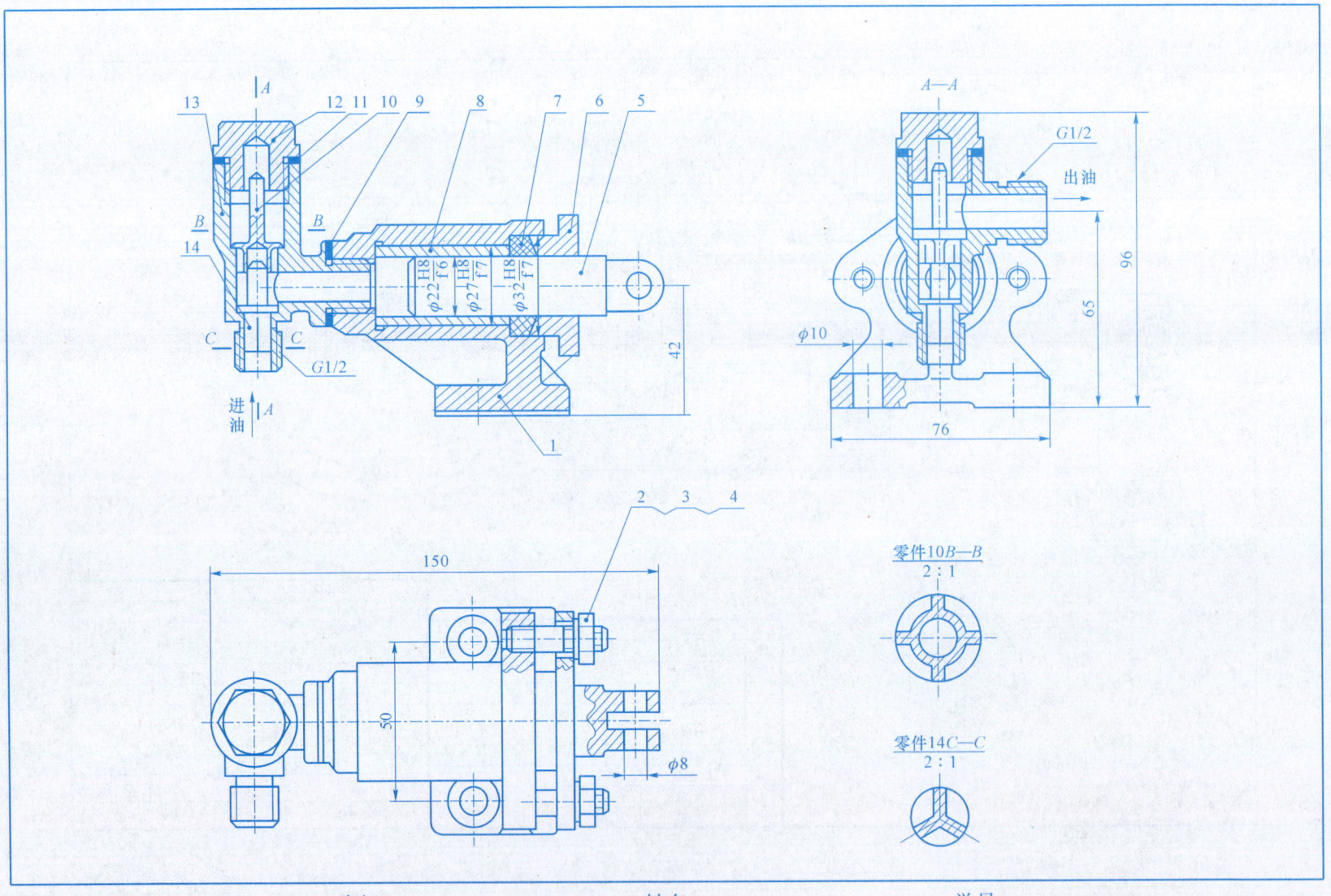

班级　　　　　　姓名　　　　　　学号

10.7　读懂柱塞泵的装配图，并回答问题（续）

一、工作原理

柱塞泵是用来提高油压的部件。阀体 13 下部连接进油管，与油箱接通，油箱内油压为常压；后部连接出油管道，与用油设备接通。

柱塞 5 与曲柄（图上未画出）用 $\phi 8$ 销子连接，曲柄带动柱塞 5 作左右往复运动。

当柱塞 5 向右移动时，泵体 1 的内腔压力降低，在大气压力的作用下，油就从油箱压入进油管，并推开下阀瓣 14，进入泵体内腔；当柱塞 5 向左移动时，下阀瓣 14 受压关闭，内腔油压急剧升高，顶开上阀瓣 10，进入阀体 13 的上部，油从后面出口流出，经过出油管道通向用油设备。

二、读装配图回答问题

1. 读懂上阀瓣 10 和下阀瓣 14 的结构形状，并说明它们的作用。
2. 衬套 8 有何作用？
3. 填料压盖 6 有何作用？它的结构形状如何？
4. 说明图中各配合零件之间所注的配合代号的意义。
5. 阀体 13 与泵体 1 是什么连接？
6. 填料 7 和垫片 9、11 的材料是什么？它们在柱塞泵中起什么作用？
7. 拆画泵体 1、柱塞 5、填料压盖 6、阀体 13 的零件草图。

14	下阀瓣	1	ZHMnD58-2-2	
13	阀体	1	ZHMnD58-2-2	
12	螺塞	1	ZHMnD58-2-2	
11	垫片	1	耐油橡皮	
10	上阀瓣	1	ZHMnD58-2-2	
9	垫片	1	耐油橡皮	
8	衬套	1	ZHMnD58-2-2	
7	填料	1	毛毡	
6	填料压盖	1	ZHMnD58-2-2	
5	柱塞	1	45	
4	螺柱 M8×35	2	Q235A	GB898-88
3	垫圈	2	Q235A	GB93-87
2	螺母 M8	2	Q235A	GB6170-86
1	泵体	1	HT150	
序号	名　称	数量	材料	备注

柱塞泵	比例	数量	材料	（图号）
制图				（校名）

班级　　　　姓名　　　　学号

10.8　由装配图拆画零件图

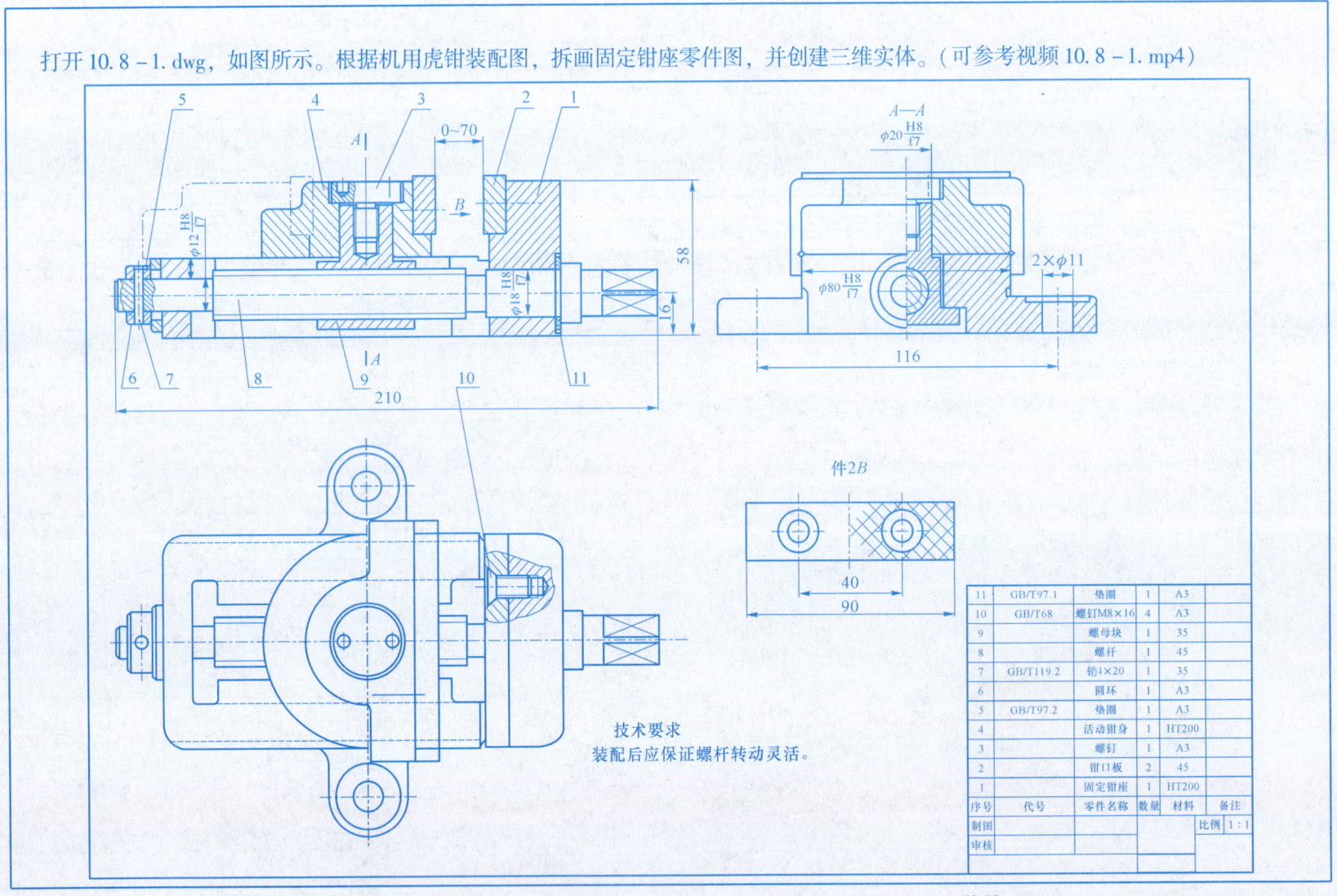

打开 10.8-1.dwg，如图所示。根据机用虎钳装配图，拆画固定钳座零件图，并创建三维实体。（可参考视频 10.8-1.mp4）

技术要求
装配后应保证螺杆转动灵活。

11	GB/T97.1	垫圈	1	A3	
10	GB/T68	螺钉M8×16	4	A3	
9		螺母块	1	35	
8		螺杆	1	45	
7	GB/T119.2	销4×20	1	35	
6		圆环	1	A3	
5	GB/T97.2	垫圈	1	A3	
4		活动钳身	1	HT200	
3		螺钉	1	A3	
2		钳口板	2	45	
1		固定钳座	1	HT200	
序号	代号	零件名称	数量	材料	备注
制图					比例 1:1
审核					

班级　　　　　姓名　　　　　学号